小型武器に挑む国際協力

西川由紀子

創成社新書
51

はじめに

人が何かを行うときには必ず動機がある。たとえば本書を手にする人は、小型武器の問題や国際協力に興味があるから本書を手にしたかもしれないし、まったく何かわからないから、それについて知りたいと思い、本書を手にするのかもしれない。国際協力に興味をもつ人や、実際にその現場にいる人の多くは、何らかの問題状況（たとえば貧困や格差）を理解したり、議論したりするだけではなく、それに対して何かをしたい、その状況を改善するためには何をすべきか、何ができるのかを考えるであろう。研究者であっても同様に、国際協力の現場で問題となる事象に対して、それがどのように起こるのかを理解するだけではなく、その状況を改善するために何が必要か、自らが行う研究が現場で生かされるためには何をすべきかを試行錯誤する。そうであるからこそ、国際協力のどのような活動であっても、どのような研究であっても動機があるが、それが大切だと思う。

銃をとって戦闘に加わる人たちはどうであろうか。武力紛争や内戦のさなかに小型武器を使い、戦闘に加わる人々の動機は、常に、私たちが国際協力に興味をもち、何かしたいと思うような、本人の興味や願いにかなう主体的なものであろうか。そうせざるを得なかったり、そうすることが社会やコミュニティーにおいて是とされたりするような受動的な理由から武器をとり、戦闘に加わることはないだろうか。もちろん、すべての人が戦闘のために銃を所持するわけではないことも忘れてはならない。銃を手にする動機を探ると、それが戦闘のためであれ、それ以外の理由からであれ、その背景に、個人をとりまく社会や国家に内在する問題、さらにそれらを左右するグローバルな問題がみえ隠れする。

本書は、この10年余りの間に、紛争や開発といった問題を探究しながら、バルカン半島、アフリカの角、東南アジアにおいて、自らの体験のなかで考えさせられることになった小型武器の問題と、それに挑む国際協力に焦点を当てる。武力紛争国における小型武器の問題だけではなく、一見、平和にみえる国の社会やコミュニティで生じた紛争の問題について考えるなかで、小型武器の問題を問わなければならなかったり、思いがけず考えさせられたりすることも多くあった。本書に記す内容は、そうしたところから生まれてきた産物である。したがって、小型武器を根絶するための政策提言や方法論を展開するものではない。また、小型武器のとりくみは、こうあるべきであるという規範的な議論を展開するものでもない。何をすればよいのか、何ができるのかということについて思考するための材料を提供したいと思っている。小型武器の問題と、それをめぐるグローバルおよびローカルな状況や、日本ではまだそれほど知られていない小型武器の規制をめぐる国際的なとりくみを概観しながら、小型武器の問題にとりくむ「国際的」な動きに内包する矛盾と限界、さまざまなアクターによる多様な「協力」を通して、国際協力の一側面を炙りだしてみようとするものである。

本書に取り上げる内容は、読者が小型武器の問題や国際協力について思考するための最初の糸口になるものにすぎないであろう。しかし、もっとも根本的で、哲学的な問いも含む。本書に記す内容が、表現上、誤った認識を与えてしまったり、いわんとするところが伝わらなかったりしないか不安がまったくない訳ではない。そうした部分を除いても、すべての読者に共感してもらえるとは思っていないが、本書を通して、小型武器の問題や、それにとりくむ国際協力に距離を感じていた読者が、ほんの少しでも自らとの関連で小型武器の問題や国際協力について思考するきっかけとなれば幸いである。

なお、新書という性格から、すべての参考文献を含むことはできなかった。また、引用文献やそのページ数を省略させていただいたことをお断りしておく。

2013年3月

西川由紀子

目次

本書でとりあげる国

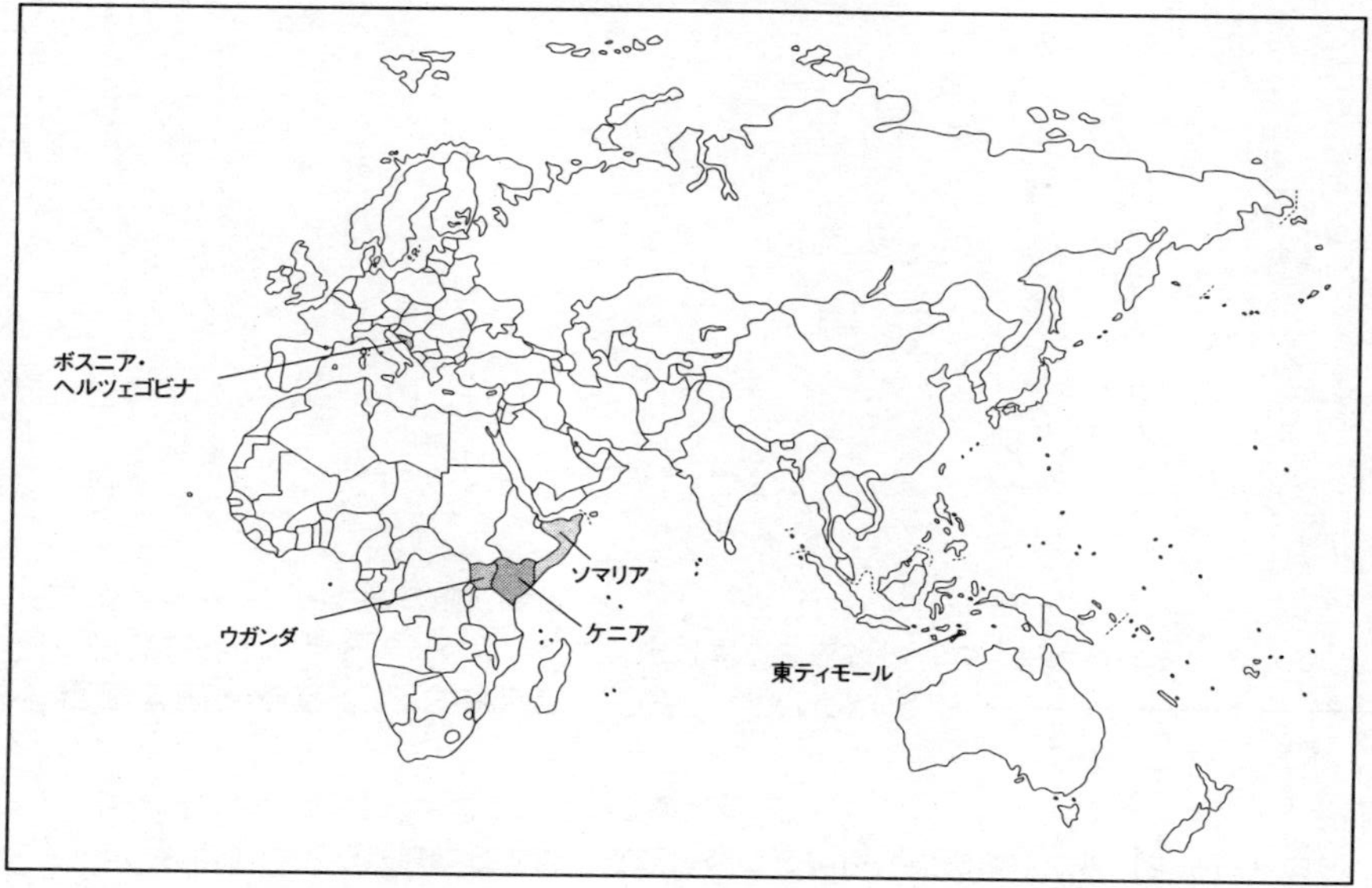
ボスニア・
ヘルツェゴビナ
ソマリア
ウガンダ
ケニア
東ティモール

序章　遠くて近くにある「小型武器」

銃を憎む者と銃を携える者

アフリカに興味をもっていた大学時代は、貧困とか飢餓とか国際協力とは開発についてであり、開発は経済問題というイメージだった。しかし私が大学時代をすごした1990年代、アフリカについて知れば知るほど考えさせられたことは、貧困へのとりくみも開発支援も、ひとたび武力紛争が始まってしまえば無駄になるのではないかということだった。当時、アンゴラ、ソマリア、シエラレオネ、ルワンダ、リベリア、コンゴと、アフリカでは至るところで武力紛争が勃発していた。貧困や格差と武力紛争には何らかのかかわりがあるのか、武力紛争の予防は可能なのかといった疑問をもちながら、紛争にとりくむ国際協力について興味をもち、イギリスの大学院で学んでいた1999年、内戦が終わってからそれほど経っていないボスニア・ヘルツェゴビナ（ボスニア）に滞在する機会にめ

ボスニア・ヘルツェゴビナ　爆撃によって破壊された建物と無数の銃弾跡が残る建物（1999 年，筆者撮影）。

ぐまれた。

銃撃によって穴だらけになった建物や爆弾跡の残る道路を数知れずみた。百聞は一見にしかずだった。借りた部屋にも1発の銃弾の跡が残っていた。その銃弾の跡をみながら、その部屋の持ち主である大家は、当時のことを話してくれた。最後に、「こんな話は、ボスニアのどこにいっても聞けるよ」といった。戦争や暴力について少しは知っているつもりだったが、打ちのめされる思いだった。

ボスニアでもひときわ被害の大きかった街で、無残に破壊された建物を前に近代兵器の威力と怖さを感じた。科学技術はこんな光景をつくりだすために使われるのかと、道徳的な感覚から、武器をとり戦闘に加わる人々を不正義で悪い人々だと嫌悪感をもった。他方で、紛争問題にとりくむ国際協力について学ぶ自分を彼らとは何かまったく異質であるように感じていたように思う。郊外には雄大な山々と紺碧の川が流れる、自然が豊かな美しい光景が広がるボスニアで、その自然環境とは対照的に戦闘によって無残な傷跡を残す様相を実際にみたことが武器の問題について考えるきっかけだった。

それからわずか1年後、「銃があれば」と、銃を携えたいと思っている自分がいた。2000年、研究をかねて非政府組織（いわゆるNGO）で緊急人道支援にかかわることになり、東チモールの首都であるディィリに住んでいるときだった。

東チモールは、1999年に国際連合（国連）の監督のもと、インドネシアからの独立をめぐる住民投票が行われて独立が決定したが、インドネシアとの併合を望む武装勢力によって動乱となった。多国籍軍によって一定の治安が回復され、1999年10月には国連による暫定統治が始まった。東チモールの首都であるディィリには、多くの国際機関やNGOが活動していた。治安の状況は地域によって、またその時々によって変化した。

事務所と住居をかねた1軒の家で、複数のスタッフと暮らして数十人の現地のスタッフ

東チモール　独立をめぐる住民投票後の首都ディリ（2000 年，筆者撮影）。

と仕事をしていた。一通りのものは揃い、仕事ができる環境は整っていた。しかし、日中でも何度となく停電となるような状態だった。熱帯の東チモールでうだるような暑さのなか、エアコンのない部屋で窓やドアを開けたまま蚊帳のなかで寝る日々が続いた。滞在が半年になる頃、街では雇用のない若者たちによる襲撃事件が増えはじめ、夜間の外出は安全とはいえない状況になった。窓やドアを開けたまま過ごす夜は暑さと恐怖で熟睡できないことが多く、次第に疲労が重なっていった。そうした日々が続くなかで考えたことは、自衛のための銃があれば少しは安心して眠れるかもしれないということだった。

実際に銃を携えることはなかった。しかし、東チモールを離れた後、人道支援の現場にいながら銃をとり、人にそれを向けるかもしれないという「人道」とはまったく矛盾することを考えていたことを深く内省した。自らは、近代兵器を憎む者であったはずが、時と状況によってはそれを携える者となり得ることをまざまざと体感することになった。

アフリカの現実

自分のなかで、ボスニアでみた光景と東チモールでの体験が1つのこととしてまとまりがつかずにいた。ボスニアや東チモールなどの紛争後の国や地域からイギリスや日本に戻ると、いつもタイムスリップした感覚に陥る。同じ時代に同じ地球上で起こっていることだと認識するのに数週間かかる。支援の現場で出会うスタッフは、日本も東チモールも、ボスニアも何ら変わりない。装甲車や軍用の銃を携えた平和維持軍がすれ違う国と、拳銃を隠しもっていたことが大きなニュースになる国の違いをどこにみつければよいのか考えることが多かった。

東チモールを離れた年（2001年）は、ちょうど国連が「小型武器非合法取引のあらゆる側面に関する国連会議」（いわゆる国連小型武器会議）を開催していた。この会議でどのような議論が行われるのか、小型武器に対する国際的なとりくみはどのような方向へ向かうのか、その動向を追った。しかし、程なくして再び戻ったボスニアで、アメリカで起きた同時多発テロのニュースをみながら、小型武器をめぐる動きは後退するように感じていた。

アジアとヨーロッパでは、小型武器の問題も随分異なる様相だった。小型武器の問題は地域によって状況が異なるのか、それとも表層の違いだけで本質的には変わらないのかということについて考えていたこともあり、小型武器の問題に詳しい友人たちの協力を得て2003年、ケニアを訪れた。ケニアを中心にアフリカ大陸の北東部の「アフリカの角」とよばれる地域（ジブチ、エチオピア、エリトリア、ケニア、ソマリア、スーダン、ウガンダ）の小型武器の問題について、とにかく現場を訪れて、現場の話を聞こうと思った。

アフリカの角と大湖地域（ブルンジ、コンゴ民主共和国、ルワンダ、タンザニア、ケニア）における紛争と小型武器の問題についてのニュースには事欠かない。今日、他のどの大陸よりも武力紛争が多いといわれるアフリカのなかでも、アフリカの角と大湖地域の武力紛争は、1990年代には地域規模での広がりをみせていた。これらの武力紛争と小型武器は切っても切れない関係にある。問題の深刻さからか、アフリカの角と大湖地域では国連の小型武器会議に先駆けて、小型武器の問題に関する地域レベルの会議を開催した。小型武器の問題について知るには不足のない場所だった。

ケニアの訪問期間中、ナイロビを拠点に、アフリカの角と大湖地域の小型武器の調査と提言を行うNGOで、小型武器の問題に詳しい2人のケニア人の職員から話を聞き、何度か地方に同行させてもらった。ちょうどその時期、ヨーロッパの資金援助で、この地域の各国の安全保障担当の代表を集めて、地域会議がケニア南東部のモンバサで開かれることになり、運よく参加者にも加えてもらった。

訪れた地方の街でも地域会議でも、小型武器を削減する方法についての議論が聞けると思ったが、予想に反して、すでに地域に広まる膨大な数の小型武器とそれを生活の一部として自らや財産を守るために必要とする人々、小型武器が彼らの生計においてなくてはならないものとなった実情について知らされることになった。アフリカの角の各国の国境地域では、部族間の対立などにおいても小型武器が使用されて、各国の深刻な安全保障問題となりつつあった。国境地域は小型武器の流通において重要なルートであることは明らかだった。しかし、十分な取り締まりが行われない。国境地域で、どのようにどの程度小型武器が広まり、人々の生活にどのような影響をもたらしたのかついてはまだ十分に把握されていない状況があった。地域内に小型武器がいったいどのくらいあるのかについても、本当のところは見当がつかないという実情があった。ある地方で話した男性たちは、小型武器を日々の生活からなくすことは現実に難しいことを強調し、その誤った使用を減らすことを考えるべきだと繰り返し述べた。小型武器が必ずしも乱用されているのではなく、むしろそうした乱用から身を守るために、多くの人は小型武器を携えるのであると説明した。警察や軍が安全を保障できない状態では自らで行うしかないのだという。

アフリカの角の主要な都市でも地方でも、小型武器が問題となっていることだけが明らかだった。会議の合間に話したある政府関係者は、小型武器を集めたところで西からも東からも北からも小型武器が入ってくる。途方もなく長い国境を完全に管理する良い方法があったら教えてほしいといった。それもあまりお金がかからない方法でないと実現不可能だと付け加え、小型武器が国内へ入ることを管理することの難しさを強調した。

当時、小型武器や近代兵器を道徳的な感覚から、何か悪いものとしてとらえていた自分の認識と膨大な数の小型武器がすでに人々の生活の一部として存在するアフリカの現実との間には明らかに大きなギャップがあった。ケニアでの滞在を通して、再びボスニアと東チモールでのことを思い出すことになった。銃を携える人々が皆、一様な理由から、そうするのではない。銃を携える人々がコミュニティや社会に与える影響ばかりでなく、逆に国家や地域、その背景にある国際社会が銃を携えることになった人々へもたらした政治経済的な背景について考えはじめた。

ボスニアの無残な光景を前に感じた、近代兵器とそれを使用する者に対する嫌悪感や、武器をとり、戦闘に加わる者と自分との間に感じていた異質という感覚を改めて思い起こした。正しい者とそうでない者とか、善と悪とか、正義と不正義といった二分論的な思考に基づく道徳的な感覚を超えて、小型武器と人間、その背景にある紛争と社会、国家という枠組みと国際協力について思索しはじめた。そこから生じてきた考えや疑問を、本書のテーマである小型武器について紹介しながら、本章で投げかけてみたいと思う。

どのような兵器なのか

「小型武器」といっても、それが何を指すのかわからない読者も多いかもしれない。「小型武器」を端的に説明するならば、1人もしくは少人数でもち運びして使用することができる兵器のことである。いうまでもなく攻撃や防御に用いられて、敵となる目標を殺傷、破壊することを目的とするものである。戦闘に加わる兵士、とくに最前線で敵に向かう兵士にとっては必ず1つは携えるもので、自らの命にもかかわるもっとも身近な兵器である。また、戦闘で戦う兵士ばかりでなく一般の人にとっても、他の兵器に比べると保持と使用が容易であることから、護身や自衛のための武器として身近な兵器である。

国際的なとりくみのなかでいわれる「小型武器」とは、1つの兵器を指しているのではなく複数の武器・兵器の総称である。もう少し厳密に説明するならば、広い意味では「小型武器」とは、1人でもち運びして使用できる「小火器（small arms）」と、数名によってもち運びと使用が可能な「軽兵器（light weapons）」に加えて手榴弾と小火器や軽兵器に必要な弾薬とミサイルなどを含む「弾薬および爆発物」の3種類の総称としていわれる(1)。狭い意味では軽兵器と小火器を区別して、とくに「小火器」を指して「小型武器」とされる。具体的には、「小火器」には拳銃、小銃、ライフル銃、軽機関銃などが含まれる。「軽兵器」には重機関銃、携帯対空砲と対戦車砲、対空ミサイル発射システム、迫撃砲などが含まれる。携帯ミサイルのように破壊力において主要な兵器に劣らないものも軽兵器には含まれる。

国連などの国際的なとりくみでは、「小火器と軽兵器」(small arms and light weapons)と表記されるのが一般的である。国連では「小型武器」として、小火器と軽兵器、弾薬および爆発物の3つを指して、そのとりくみの対象としている。[2] 本書でも、広く使用される国連の定義にしたがって「小型武器」と表記している。日本でも「小火器」、「軽兵器」、「弾薬および爆発物」の3種類の総称として「小型武器」と表記されることが多い。

戦闘で使用されるあらゆる兵器を破壊規模を基準にした分類でみると、大量破壊兵器(核・放射能・生物・化学兵器)と通常兵器に分けられる。大量破壊兵器以外の兵器が通常兵器と呼ばれるもので、小型武器はこの通常兵器に含まれる。今日では小型武器による犠牲者の数は大量破壊兵器にも劣らないほどに膨らんでいる。

小型武器は、他の兵器にはみられない利便性と社会において広まりやすい特性をもつ。これは小型武器の一般的な特徴に由来する。小さく軽量で安価であること、取り扱いが容易であるが殺傷能力は高いことである。その費用対効果は目立って高い。また、その製造には高度な技術を要しないものも多く、大掛かりな施設がなくても製造ができることも重要な特徴である。

武力紛争においては、戦車や軍用艦艇、攻撃ヘリコプターなどの主要な大型の兵器(重兵器）が大規模な攻撃に使用されるのに対して、小型武器はむしろゲリラ戦などの小規模で激しく行われる戦闘やテロにおいて使用するのに有利な条件を揃える。ジャングルや山岳地域などでもち運びがしやすい。精巧な機械ではないことから、維持と管理は容易である。今日、重宝される小型武器のいくつかは、水やほこりに強く、故障することなく長期にわたって使用できるものもある。このような特性から、子どもや女性も短期間の訓練を受けることによって使用できるようになる。より幅広い層の人々が小型武器を介在として戦闘に動員されることになる。

小型武器の小さくて軽量、安価で使用しやすいという特徴は、それを戦闘のためだけではなく他の目的に使用することも可能にする。たとえば、小型武器は麻薬取引や銀行強盗、政治的誘拐、海賊などの犯罪行為でも使用される。また、犯罪や戦闘以外にも、強盗や略奪行為から自身や財産を護るための自衛の武器として保有されることもある。小型武器は殺傷力の高い兵器のなかでも、一般の人々にとって、より保有しやすいものである。したがって、明らかな戦闘や武力紛争状態にある地域においてのみ必要とされるものではない。一見、平和な国でも人々に近いところに小型武器は存在するものである。アフリカや中東に限ってみられるものではないし、途上国だけに存在するものでもない。地域や場所を問わず広く社会一般に行きわたることが可能になる兵器なのである。

人類史上もっとも…

小型武器は決して新しい兵器ではない。二度の世界大戦はもちろん日露戦争でも、またそれよりはるか前から使われている。もちろん今日の小型武器のように優れた性能を備えていたのではない。小型武器の開発の歴史は長い。6世紀から7世紀に火薬が発明されて以降、12世紀には実用化されて手榴弾の原型となるもの、13世紀頃には銃砲が開発された(ヴォルクマン　2003)。初期の銃砲は弾を1発ずつ入れ、発射するまでに時間がかかった。形状は長身で重量があるもので、その機能も今日とは異なり、遠くの敵を狙うことを目的に、弾の飛距離が長いことが求められた。16世紀、ヨーロッパでは歩兵の強力な武器として「火の棒」や「手砲(ハンドガン)」と呼ばれる銃器が使用された。この手砲が20年のうちに銃身の細長いマスケット銃へ改良されて、軍事科学に革命的な影響をおよぼした。このマスケット銃はのちに、ヨーロッパから他の地域へもたらされたものである。

戦術の変化と科学技術の発展とともに改良が進み、1発撃つと次の弾が自動的に装填できる自動装填が可能になり、軽量化と破壊力の増加が進んだ。とくに第二次世界大戦以降の技術の進歩は、より軽量で頑丈、かつ容易に使用できるタイプの小型武器を生み出した。長きにわたる開発努力がなければ、今日使用されるような小型武器は存在しないのである。小型武器は恐らく人類史上もっとも長くその被害と影響の甚大さに注目されなかった兵器であろう。また今日では、もっとも人々の生活と密接になった近代兵器であろう。小型武器による被害とその影響を考えると、私たちはもっと小型武器について知っていても良いのではないだろうか。いや、知っているべきなのである。

自動小銃の時代

今日、軍用として広く使用されている小型武器は自動小銃である。自動小銃は発射時の反動を利用して弾薬の装填と排莢が自動的に行われる小銃で、連射を行えることが特徴である(3)。連射を行えるということは、十分に狙いを定めなくても敵を殺傷することが可能になる。自動小銃は、第一次世界大戦まで主流であった遠くを狙って撃つ歩兵銃と異なり、接近戦で戦うために開発された小型武器である。そのため、小さくて軽く、狭い場所でも扱いやすい。この自動小銃は、第二次世界大戦までには実用化されて、軍用の大口径であるフルサイズの自動小銃（バトルライフル）が各国で製造された。第二次世界大戦後には戦闘に使用される銃は、自動小銃に切り替えられた。キューバ危機やベトナム戦争でも使用され、自動小銃の時代が始まった。現在の軍用小銃は一般に自動小銃である。今日使用される自動小銃の多くは、バトルライフルより軽量、小型、小口径で、至近距離での戦闘を想定したアサルトライフル（突撃銃）である。

アサルトライフルのなかでももっともよく知られるのが「1947年式カラシニコフ自動小銃」（いわゆるAK－47）である。[4] 今日、世界で広く使用される小型武器である。このAK－47は、1947年に旧ソビエト連邦において開発され、1949年にソビエト連邦軍によって主力小銃として採用されて量産が始まった。最初の実戦として使われたのが1956年の第二次中東戦争であった。その後、第三次中東戦争（1967年）、第四次中東戦争（1973年）、ベトナム戦争（1960～1975年）においてAK－47が使用された（松本　2008）。冷戦期には、東側諸国を中心に約180カ国に輸出された。

このAK－47は、殺傷能力の高さと、構造はシンプルだが頑丈であることがその最大の長所である。3秒以内に数十発の発射が可能で、その射程距離は数百メートル以上におよぶ。稼動部品はわずか8つで、簡単に分解と組み立てができる。銃を初めて使用する人でも数時間から数日の訓練で標的を狙い撃ちできるようになる。気候の変化にも対応し、泥や砂などが入っても洗い流して使用ができる。気候条件が厳しく修理に必要な環境が整わない状況でも問題が少ないことから、とくに途上国で人気が高い。1丁の価格は、銃の種類や、一国内でも地域によって異なるが、1970年代に比較するとはるかに安価になった。ケニア北西部では、2006年の銃の価格は1970年代の3分の1である（Mkutu 2008）。

今日では多様な種類のAK（AK-47の派生系）が存在する。AKの非正規やコピー品なども製造されており、これらを含めて現在では1億丁以上のAKが世界中に氾濫する（ホッジズ 2009）。近年、途上国において使用される大多数が、このAKであるといわれる。また、テロで使用される銃の多くはAKの非正規品やコピーである。たとえば、2008年11月のインド、ムンバイにおける同時多発テロでも、犯人グループが使用したのは中国製のAKの類似品であった（ニューヨーク・タイムス、2008年11月28日）。

こうしたAKのもう1つの顔として、アンゴラ、モザンビーク、アルジェリアなど、植民地解放闘争において使用された歴史がある。武力闘争の結果、独立や自決権を勝ち取った国では、AKがその象徴となった。ジンバブエ、東チモール、モザンビークの国章には、AK－47の図柄が描かれている。東チモールの法律には、「AK－47自動小銃は、主権の誇りと威厳のために、人々の数世紀にわたる民族解放と自衛のための抵抗闘争の価値を象徴する」ものとされている（Law no.2/2007, Section IV, 2-k）。モザンビークでは、国旗にもAK－47が描かれており、モザンビーク共和国憲法第194条において、国旗に描かれる銃が「防衛」を象徴することが明記されている（1990年　モザンビーク共和国憲法）。いずれの国でも、AK－47は、単なる暴力や殺傷のための兵器として認識されるにとどまらず、「解放」や、自らを「防衛」することを可能にするものの象徴になったのである。

対岸の火事

日本でも、小型武器は決して目にしないものではない。テレビをつければ、自動小銃を携えた少年兵、アフガニスタンやコロンビアの民兵、パレスチナから打ち込まれる迫撃砲弾の様子などのニュースや報道において目にすることがある。新聞の国際面を広げると、銃で武装した暴動の様子の写真を目にすることができる。しかし、日本に暮らす私たちにとっては、小型武器を実際に使用することはもちろん手にすることも稀である。

銃だけをみても、日本では一定の場合を除いて銃砲の所持を禁止している（銃砲刀剣所持等取締法）。これは世界でも数少ない厳しい規制である。憲法で武器保有の権利が保障されているアメリカはもちろん、欧米には許可制や免許の取得など、銃の所持が法律上許される国は少なくない。日本における一般市民による銃の保有は40万程度で、人口の0・5％以下である（2003年政府統計）。ジュネーブ高等国際・開発問題研究所の調査による一般市民100人あたりの銃の所持率でも、日本における銃の平均所持率は世界178カ国のなかで164番目（100人あたりの所有平均は0・6人）である（図表序―1）[5]。日本では、小型武器所持の問題はそれほど感じないというのが多くの共通した意見であろう。軽兵器となると、その認知度ははるかに低い。

国レベルでも、小型武器の問題にはさほど関係がないと思う読者も多いのではないだろうか。日本は「武器の輸出規制の三原則」を掲げることから、公式には、武器の製造や輸出を行わないとされるからかもしれない[6]。他の国における小型武器による犯罪や被害、武力紛争に使用される小型武器ともかかわりがないと感じるのが一般的ではないだろうか。

図表序－1　178カ国における一般市民による銃の所持

（上位20カ国）

順位	国　名	100人あたりの所持の平均
1	アメリカ	88.8
2	イエメン	54.8
3	スイス	45.7
4	フィンランド	45.3
5	セルビア	37.8
6	キプロス	36.4
7	サウジアラビア	35.0
8	イラク	34.2
9	ウルグアイ	31.8
10	スウェーデン	31.6
11	ノルウェイ	31.3
12	フランス	31.2
13	カナダ	30.8
14	オーストリア	30.4
15	アイスランド	30.3
15	ドイツ	30.3
17	オマーン	25.4
18	バーレーン	24.8
18	クウェイト	24.8
20	マケドニア	24.1

（下位20カ国）

順位	国　名	100人あたりの所持の平均
159	ネパール	0.8
160	リトアニア	0.7
160	マラウイ	0.7
160	ニジェール	0.7
160	ルーマニア	0.7
164	日　本	0.6
164	北朝鮮	0.6
164	ルワンダ	0.6
164	シエラレオネ	0.6
164	ハイチ	0.6
169	バングラデシュ	0.5
169	フィジー	0.5
169	エリトリア	0.5
169	インドネシア	0.5
169	シンガポール	0.5
174	エチオピア	0.4
174	ガーナ	0.4
174	ソロモン諸島	0.4
177	東チモール	0.3
178	チュニジア	0.1

出所：GIIDS（2007）Chapter 2, Annex 4.

こうしたイメージを離れて少し精査してみよう。これまで「武器の輸出規制の三原則」の例外化は行われた（1996年、1998年および2004年の日米物品役務相互提供協定下で行われる武器部品等の米軍への提供、2001年のテロ対策特別措置法に基づく武器等の輸出、2003年のイラク人道復興支援特別措置法に基づく武器等の輸出など）。2011年には「武器の輸出規制の三原則」が緩和され、国際協力や人道の目的、国際共同開発と生産への参加であれば武器の輸出が認められるようになった。小型武器については、日本からアメリカ、ベルギー、フランス向けの軍事目的によらない武器（猟銃や弾薬など）の存在が指摘された（GIIDS 2004）。ストックホルム国際平和研究所によると、世界の軍事関連品および軍事関連のサービスを国内外へ提供する企業のうち、2010年の売り上げが高かった100社のリストには、日本の企業も複数含まれる[7]。

かつては軍事産業で開発された技術が、民間の需要に転用されること（いわゆるスピンオフ）が多くみられた。たとえば、コンピュータやインターネット、自動車に積載される全地球測位システム（GPS）などである。しかし近年では逆に、民間で開発された技術が兵器や武器などの軍事技術に転用される（いわゆるスピンオン）時代になった。さまざまな機器に使用される液晶ディスプレイなどはその例である。日本の技術（重工業や電子など）が日本や海外で何らかの武器の部品の開発に貢献したり、兵器の生産や開発に転用されたりすることを否定することは難しい時代となった。このような状況を、グローバル化といわれる今日の世界の状況からいまいちど再考してみよう。小型武器によってもたらされる被害は対岸の火事にすぎないのだろうか。

武器・兵器をめぐる国際協力の呪縛

武器や兵器をめぐる国際協力とはどのような活動を意味するのだろうか。「国際協力」といっても、それについて共通した認識や理解が存在するのではない。しかし、私たちの国際協力についての認識は、しばしば2つの呪縛に陥る。1つには、創成社新書国際協力シリーズの1冊である『国際協力の誕生』のなかで北野収が「国際協力のまなざし」として指摘するように、国際協力が「美しき善行」としてとらえられることである（北野　2011、第1章）。武器や兵器をめぐる国際協力も平和や人道にかなう活動であるべきと考えられる。したがって多くの場合、武器や兵器の削減や禁止を目的とする活動として認識される。小型武器の削減と禁止は無条件によいこと（善）や正しいこと（正義）と認識されることから、国際協力のイメージと合致するのかもしれない。実際、政策の現場では、「平和構築」、「人道支援」、「人間の安全保障」といった表象のもとで武器の削減のための活動が行われる。

武器や兵器をめぐる国際協力は、果たしてこのような理解に合致するものだろうか。「武器の輸出規制の三原則」の緩和に際しては、国際協力を目的とする武器の輸出が認められることになった。今日「国際協力」という表現のもとで行われるのは、必ずしも武器・兵器の削減や禁止だけではない。兵器の開発と生産のための協力も存在する。たとえば、主要兵器システムの開発と生産において各国がとる政策には、それらを目的とする「国際協力」と呼ばれるものも存在する（第1章参照[8]）。武器や兵器をめぐる国際的な動きは、「国際協力」や「国家間協力」として現実には相反する活動が存在する。これらはまったく次元の異なる話なのだろうか。

国家間において、世界規模での兵器の削減のための努力がなかったというのではない。核兵器などの大量破壊兵器の使用禁止をめぐる国際的なとりくみは行われている（核不拡散条約、生物兵器禁止条約など）。通常兵器をめぐっても、過度な蓄積と移転を防止するための合意（通常兵器および関連汎用品・技術の輸出管理に関するワッセナー・アレンジメント）や、過度に傷害を与えたり、無差別に効果をおよぼすことがあると認められる特定の通常兵器を禁止したり制限したりする条約（特定通常兵器使用禁止制限条約）が存在する。また、国家間で行われる兵器の移転の透明性をあげるため、国連加盟国は年に一度、7種類の主要兵器（重兵器）を対象にして輸出入に関する情報を登録することを要請される（国連軍備登録制度）[9]。このような状況とは異なり、通常兵器のなかでも小型武器については国際的な合意や規制のための協力活動が存在しないままであった。武器をめぐっては、自由貿易の促進を目的とする国際機関である世界貿易機関（WTO）の管轄にも含まれない。つまり小型武器については、私たちがイメージする「美しき善行」としての国際協力（小型武器の削減のための国際協力）は長く存在しなかったのである。

もう1つの呪縛は、国際協力が先進諸国から途上国に対して行われる活動として認識されることである。国際協力の目的は開発であり、これは究極的には経済成長を支援することであるという理解から、国際協力は先進国による途上国支援として認識されがちである。国際開発の歴史を振り返ると、「開発」が近代化と同義にとらえられ、近代化は西欧化を念頭においた（近代化論）。「開発協力」といわれる場合、このような前提のもとで開発途上地域・諸国を対象にすることが多い。武器をめぐる国際協力もこのような思考のもとで、途上国における武器の削減や途上国が行うとりくみへの先進国による援助として認識される。小型武器の問題は、その背景や現実の被害状況は異なるが、先進諸国であれ途上国であれ、同様に確認される。一国内における小型武器の数や一般市民による小型武器の保有は、途上国においてだけ高いのではなく、先進国においても高い。先に示した図表序—1をみると、一般市民による銃の所持が高い国の半数は先進諸国である。このような状況を考えると、国際協力が小型武器の削減や禁止を目的とするのであっても、必ずしも先進国による途上国支援という構図にはならないはずである。実際はどうであろうか。私たちが「国際協力」といってイメージする活動にもっとも近いであろう小型武器の削減のための国際協力は、先進国から途上国に対する支援として行われているのだろうか。

兵器の削減と、兵器の開発や輸出という表裏一体となって存在する国際的な動きのなかで、「平和」や「人道」という表象のもとで行われる小型武器をめぐる国際協力はどのようなものであり、どのようなことを必要とするのだろうか。

始まったばかりの国際協力

先にも述べたが、小型武器はそれが開発されて以来、あらゆる地域の戦闘において多くの被害をもたらした。16世紀以降の戦争や大規模な武力紛争による死者数をみると、18世

図表序－2　世界の主な戦争と大規模紛争による犠牲者数（16世紀以降）

戦争および大規模紛争	時　期	死者数（人）
農民戦争（ドイツ）	1524 － 1525	175,000
30年戦争（ヨーロッパ）	1618 － 1648	177,000
7年戦争（欧州・北米・インド）	1755 － 1763	1,358,000
フランス革命／ナポレオン戦争	1792 － 1815	4,899,000
南北戦争（米国）	1861 － 1865	820,000
普仏戦争（フランス対プロイセン）	1870 － 1871	250,000
第1次世界大戦	1914 － 1918	26,000,000
第2次世界大戦	1939 － 1945	53,547,000
ベトナム戦争	1960 － 1975	2,358,000
ビアフラ内戦（ナイジェリア）	1967 － 1970	2,000,000
カンボジア内戦	1970 － 1989	1,221,000
アフガン内戦	1978 － 1992	1,500,000
モザンビーク内戦	1981 － 1994	1,050,000
スーダン内戦	1984 － 1995時点	1,500,000

出所：Ruth Leger S., World Military and Social Expenditures (1991, 1996)
レスター・ブラウン『地球白書1999 － 2000』より引用。

紀の戦争では、今日の武力紛争にも劣らない死者数が記録されている（図表序―2）。この死者数は小型武器によるものだけでなく、その他の兵器による死者数も含まれる。戦争や武力紛争における死者数の記録は必ずしも十分ではないこと、また、今日の人口密度とも大きく異なることから、過去の戦争や武力紛争における死者数を一概には比較できないが、19

世紀末に化学兵器が使用されるまで、歩兵の死者は小型武器によるところが大きい。小型武器が近年の武力紛争だけではなく、過去の武力紛争においても多大な被害をもたらしたことに疑いはない。しかし、小型武器問題への注目は１９９０年代に入ってからのことである。

国連が最初に小型武器と軽兵器の問題について着目し、それにとりくむ国際的努力の強化を訴えたのは１９９５年、当時の国連事務総長の報告『平和への課題：追補』においてだった。その前年、国連は長期にわたる内戦を経験した西部アフリカにあるマリの政府からの要請を受けて、小型武器の違法な取引の防止とその収集のための支援を行う決議を採択した。また、１９９５年の国連総会の決議に基づいて、１９９７年に「小型武器専門家パネル」を設置した。これがのちの２００１年国連小型武器会議へとつながる（第５章参照）。こうした小型武器をめぐる国連の動きは、やがて平和構築という広義の国連平和活動のプロセスへと向けられるのである（Krause and Tanner 2001）。

国連以外でも、世界中に広まった小型武器の削減のための動きは１９９０年代に入ってみられたものである。たとえば欧州連合（ＥＵ）は、１９９０年代後半から、小型武器規制への関心を高め、他の通常兵器の規制とあわせて議論を行った。小型武器については、

1998年に「小型武器に関するEU共同行動」を採択して、小型武器と軽兵器の過剰な蓄積と拡散に関連する問題に苦しむ地域へ向けたとりくみ援助を行うことを表明した。一方、国際NGOも、国連会議への積極的な参加を行うとともに、1999年に約40カ国200の市民団体が参加して「小型武器に関する国際行動ネットワーク（IANSA）」を結成した。IANSAは国連との共催でシンポジウムを開催するなど、小型武器を含めた通常兵器の規制を求める国際キャンペーン活動を行う。先に述べた2001年の国連小型武器会議においても、IANSAに結集する諸団体が小型武器の取引と所有について厳格な管理を要求した。このように、今日にみられる小型武器の削減をめぐる国際的な議論は、1990年代になって始まったものである。小型武器に挑む国際協力はなぜ1990年代になって始まったのだろうか。

本書の目的と構成

本章では、これまでの体験に基づく認識や思考のなかで浮かんだ問題意識をいくつか示した。そこにはある種、批判的な視点も含まれる。読者が必ずしもこうした視点や問題意識を共有するのではないかもしれないが、本書では、本章に挙げた問題意識に直接または間接的にかかわる問題について考えてみたい。また、本書の最後では、小型武器の規制や削減を目的とする活動を通して、「国際協力」とはどのような活動なのかについて再考してみたい。かくいう私自身も、小型武器とその被害を目の前にするまで、それほど差し迫った問題であるとは感じていなかったし、自分と小型武器の問題について接点を感じていた訳ではない。そういう意味では何ら特別ではなかった。

本書では、まず、今日の世界における小型武器の現状について紹介する（第1章）。また、今日の世界における小型武器が、地域レベルではどのように広まるのか、また、広まった小型武器が人々の生活にどのようにかかわるのかについて、「アフリカの角」を例にして紹介する（第2章および第3章）。小型武器の現状を知ることによって、小型武器の問題に興味をもつ読者、小型武器を減らすための国際協力に興味があり、小型武器によって引き起こされる問題について何かしたいと思っている読者が「小型武器の問題」とはどういうことなのかについて考えるきっかけになればと思う。地球規模と地域レベルでの小型武器の問題について紹介したうえで、アフリカの角において行われる小型武器の削減のためのとりくみを紹介する（第4章）。第5章では、近年になって、ようやく動き始めた小型武器を含む通常兵器の移転を規制するための国際的な動きについて概観する。これらを通して日本もかかわる小型武器をめぐる国際協力について考えてみたい。「小型武器の問題」を、武器を携える者と、武器を削減しようとする者の観点から考えるとともに、小型武器をめぐって行われるとりくみから、「平和」や「人道」という表象のもとで行われる国際協力について再考してみたい。

註

（1）ここで示す定義や分類は一般に広く使用されるもので、国際的に合意されたものではない。
（2）国連の定義は、1997年の国連小型武器政府専門家パネルによる報告書において示されたもの。
（3）自動小銃には、引き金を引き続ける間連続して発射されるフルオート射撃が可能な全自動小銃と、引き金を引くごとに1発ずつ発射されるセミオート射撃のみが可能な半自動小銃がある。
（4）「AK」はロシア語の「アフタマート・カラシニコフ」の頭文字で、アフタマートは英語のオートマティックでライフルの種類である自動小銃を意味し、カラシニコフは開発者ミハイル・カラシニコフの苗字からくる。47はそれが開発された年、1947年を表す。
（5）図表序―1の銃の所持下位20カ国については、データ不足から下位国に入ったと考えられる国も含まれる。

（6）武器輸出三原則は、共産圏と国連決議によって武器禁輸措置をとられた国、および紛争地域への武器輸出を禁止したものであり、他の地域への武器輸出は「慎む」とするにとどまる。

（7）軍事関連品および軍事サービスの売り上げは、中国を除く国の企業の財政と雇用データがもとになっており、日本の企業については売り上げの高さではなく、新規軍事契約に基づく。

（8）兵器システムは、兵器のプラットフォーム（艦船、航空機、戦車など）と兵器自体（ミサイル、魚雷など）と指揮・通信手段とを結びつけるもので、19世紀後半、英・独海軍の軍備競争のなかで生まれたもの。

（9）国連軍備登録制度で各国が提出する情報は、7つのカテゴリーに入る兵器の輸出入にかかわるデータとその他のデータ（軍備保有、国内生産を通じた調達、関連する政策に関する情報）である。7つのカテゴリーの兵器とは、①戦車、②装甲戦闘車両、③大口径火砲、④戦闘用航空機、⑤攻撃ヘリコプター、⑥軍用艦艇、⑦ミサイルおよびその発射基。1992年に始まった国連軍備登録制度は、2008年までに110カ国が少なくとも1回は登録を行った。

第1章　世界に広まった小型武器

イラク、スーダン、シエラレオネ、ガザ地区、ソマリア、アフガニスタンのような近年にみられた紛争地域で重宝された兵器は小型武器である。ハイテク兵器に数十億ドルが費やされて最新鋭の武器が投入されても、イラクでは派手なニュースになる爆破よりも銃器で亡くなる人間のほうがずっと多い（カハナー　2009）。アフガニスタンでも地元をよく知る抵抗勢力は、小型武器を使った戦闘で死傷者を増やした。1993年のソマリアでも、アメリカ軍はあらゆるハイテク兵器を投入したが、小型武器と軽兵器が主力であったソマリア側との激しい市街戦の結果、撤退を余儀なくされた。アメリカ軍の撤退後、国連活動も撤収されることになり、1995年には最後の平和維持活動（PKO）部隊もソマリアから撤退することになった。今日の紛争は、小型武器で戦われるといわれるほど広く使用されている。

２０００年当時の国連事務総長であるコフィ・アナンは、小型武器を「事実上の大量破壊兵器である」と述べて、現代の世界において紛争に関連するもっとも多くの死をもたらすのが小型武器であることを指摘した。テロやゲリラ戦で好んで使用されるのは小型武器である。他の通常兵器や大量破壊兵器に比較すると、個々の小型武器によってもたらされる被害には限りがある。そうであるにもかかわらず、今日、小型武器は大きな脅威になることが認められた。

私たちは、今日の小型武器の問題の現状についてどのくらい知っているだろうか。ニューヨークで強盗に使用される小型武器からソマリアの武装勢力の１人が携える小型武器まで、それが世界中で使用されていることや、それによって多数の死傷者がでるような事件が引き起こされたり、戦闘が行われたりしていることは知っているかもしれない。しかし、小型武器によって引き起こされる事件や戦闘は、小型武器に関わる問題の最終的な一局面にすぎない。小型武器が人々の手に渡るまでにどのような経路をたどるのだろうか。小型武器は世界のどこで、どのくらい製造されているのだろうか。そもそもそうした流通は問題ではないのだろうか。これほど世界に広まって問題となる小型武器であれば、その使用や所持を禁止したり、根絶するための取り締まりをしたりすることが、なぜそれほど難しいのだろうか。こうした疑問について考えるためにも、本章ではまず、世界中に広まる小型武器の現状について、そのもっとも外郭ともいえるグローバルな展開について紹介する。今日の国家と、それをとりまく国際的な枠組みやシステムを紹介しながら、小型武器が広まる世界的な力学について本章で概観する。近年の国際情勢の動きによって変化する小型武器の広まりについて考えてみよう。

事実なのかフィクションなのか

今日、一体どのくらいの数の小型武器が世界に存在するのだろうか。小型武器に関連する問題について調査を行うジュネーブ高等国際・開発問題研究所によると、世界に存在する小型武器の数は、2007年時点で少なくとも8億7500万と見積もられている(GIIDS 2007)。これは、今日の世界人口からすると、およそ8人に1つの割合である。この8億7500万という見積もりには、軍や警察などの国家機関によって保有される小型武器と、一般市民に保有される小型武器が含まれる。この8億7500万のうちの75%にあたる6億5千にのぼる数の小型武器が一般市民の手にあるとみられる。一般市民に所有される小型武器の数のほうが多いのである。しかし、世界全体の小型武器の数の見積もりには、古いタイプの小型武器や小規模に手工業で製造される小型武器の数は含まれないことから、実際にはこの見積もりよりも多いことになる。

ここに挙げた小型武器の数は、国連などの国際的な場においてもしばしば参考にされる。しかしこの数は、あくまでも予測できる数を見積もったもので、実際の小型武器の数に関する記録に基づいて算出された数ではない。今日どのくらいの数の小型武器が世界に存在しており、使用されているのかについての正確な情報は存在しないのである。世界に広まった小型武器の数についての情報よりも、核兵器や化学兵器の数、主要な通常兵器(重兵器)の動きについての情報のほうがより多く存在するといわれるほど、小型武器の数についての正確な情報はないというのが事実である。実際にどのくらいの数が使用されているのかについて明確でないことから、その影響についても、一部の具体的な事件や状況に基づいて議論するにとどまる。今日、世界中に小型武器が氾濫していることに疑いはないようであるが、その数については真偽が明らかではないフィクションのようなものなのである。

小型武器の数についての情報を得るのが難しい理由はいくつか挙げられる。1つには、各国がどのくらい小型武器を製造や保有、取引しているのか、また、各国の小型武器を取り締まる法規則についての情報を収集して報告する国際的な制度がこれまで存在しなかったことにある。先の章でも述べたように、主要な通常兵器の7つについては、国連による軍備登録制度のもとで申請が行われるしくみがあるが、小型武器についてはそのような国際的な制度が存在しなかった。国によっては自国内の小型武器の数や、それによってもたらされる被害の実態が十分に把握しきれていないこともある。2つ目には、政府がこうした情報を把握している場合でも、その情報を他国に公表することに積極的ではない国も多い。それぞれの国が保有する兵器は、国家の安全保障にかかわる事項であるという認識があり、国家の機密事項としてとらえられることも少なくない。兵器に関する情報の公開については、それぞれの国の決定にゆだねられることになる。3つ目には、小型武器の製造や取引は、各国の法規則にしたがい、国家の適当な機関からの認可や許可証を受けて行われるものばかりでなく、個人や何らかの組織によって製造されたり取引されたりするものもある。このような小型武器は、「非合法」なものとされる。犯罪グループなどによって非合法に製造および取引される小型武器については、どのくらいの規模であるのか、その実情を把握することは容易ではない。精密機器のような複雑な製造工程や、大掛かりな製造設備をもたなくても製造できることが、その数を増やす。非合法な小型武器については、その製造数や取引量を把握することが事実上、不可能なのである。

合法な武器もある

世界中に広まった小型武器は、それが問題として注目されるまで長い期間がかかった。これは、今日の国家間の関係においても、各国の国内においても、小型武器の保有と使用は完全に否定されるものではないからである。国家は市民を守るために武器を使用することができる。社会において正当に武器を使用することは許される。もちろんこれは、厳格な規制にしたがって行われなければならない。ほとんどの国においては、国家が市民を保護する責任を独占的に有しており、一般市民が武器を所有することには何らかの制限をしいている。したがって、各国は国内において法規則を定めて、警察などの国家の特定の機関では武器の保有と使用が認められる。その法規則にしたがって武器を使用することは「合法」とみなされるのである。

他国との関係においても、攻撃や侵略などに際して、それぞれの国は自衛の権利をもっている。国際的な平和維持活動などにおいても武器は必要である。今日では、国家間の関係において武力を使うことを制限し、秩序を維持するための一定の合意を形成するための場として国連が存在するが、この国連の設立根拠となる国連憲章のなかでも、国連加盟各国は、人民の同権および自決の原則の尊重（第1条2項）、主権平等の原則（第2条1項）、武力による威嚇や武力行使の禁止（第2条4項）とともに自衛の権利（個別的および集団的）を有することが明記されている（第51条）。つまり各国は、主権と自決権および自衛権に基づいて、最低限必要な武力・武器を保有することが認められる。小型武器や兵器を保有および使用することは各国の権利として認められるのである。もちろん他の国との関係においては、国際的な合意や慣習に基づいて一定の秩序を維持することが期待される。そのうえで、各国が自衛や安全保障、治安の維持のために小型武器などの兵器を製造、輸入および保有することは国際的にも認められているのである。

不正な使用とは

小型武器についてとくに問題として指摘されるのは、その不正な使用である。しかしそれはどういう状況を指すのであろうか。小型武器であれ、その他の兵器であれ、また、小型武器を使用するのが国家であれ、武装集団であれ、少なくとも国際人権法および国際人道法に反する行為が行われる場合は、不正な使用と考えられる。国際人権法はとくに平時に、国際人道法はとくに戦時に関連して個人の保護を目的とするものである。国際人権法は、個人の人権を保障することと、人間の尊厳を保護することを目的として、国際的に合意された規則と、合意がなくとも慣習によって成り立つと考えられる普遍的な法から成り立つ。たとえば、生命に対する権利、自由に安全に生きる権利は、この法において保障されるもっとも基本的なものである。

それぞれの国がもつ武器を保有および使用する権利は無制限に存在するのではない。人々に過度の苦痛や障害をもたらす武器など、特定の武器や兵器を禁止する合意や、そうした武器ではなくても、集団殺害（ジェノサイド）や人道に対する罪にあたる行為に武器や兵器を使用することは認められない。人道に対する罪は、一般市民に対してなされる謀殺、絶滅を目的とする大量殺人、奴隷化、追放などの行為をいい、武力紛争や戦争時とそれ以外の平時のいずれにも関係するものである。

小型武器の不正な使用では、一般市民による武器の使用だけではなく、軍や警察などの法を執行する機関（法執行機関）による武器の使用についても問われる。国家から特別な（暴力を使用する）権限を与えられる法執行機関といえども、武器を制限なく使用することは許されない。各国は、国内の法規則において、法執行機関による権力および小型武器の使用などについて一定の規則を設けて、それにしたがって小型武器が使用されなければならない。法執行機関が小型武器や暴力を使うことに関して設けられた国際基準としては、「法執行官による力および火器の使用に関する基本原則」や、武器の使用に関する国際的な基準である国連の「法執行官のための行動綱領」などがある。しかし、このような国際基準にしたがわない国は少なくない。また、国によっては、警察や軍などの国家権力をもつ機関だけでなく、民間の警備会社の警備要員が小型武器を保有および使用することを認める。そうであるにもかかわらず、十分な訓練や規制が行われないことや、司法制度が十分に整わないなど、国際的な基準が守られないことも多いのが現実である。

小型武器による被害

小型武器による被害はどのくらいの規模だろうか。アフガニスタン、イラクなどの武力紛争下でみられる一般市民への無差別な攻撃による被害、2007年のアメリカ、バージニア工科大学や、2012年のフランス南部、トゥールーズでの銃の乱射事件における被害は記憶に新しい。近年では、小型武器の使用による犠牲者についてはメディアでも頻繁に取り上げられる。2002年の国連軍縮問題担当事務次長の発表によると、小型武器による死者数は年間50万人にのぼるとみられ、このうち少なくとも30万人は武力紛争において、20万人以上が小型武器による他殺や自殺による犠牲者である（Jayantha 2002）。小型武器による死者数については、その数についてのデータの収集方法が明確でなかったり、データの出所が不明であったり、その信憑性が問われることも多いが、ここに挙げた小型武器の死者数である年間50万人は、近年ではもっとも広く引用される数字である。小型武器による死者の数を、国連が発表した年間50万人とすると、1分間に約1人の割合で小型武器の犠牲者が生じるということになる。

小型武器の被害は、戦争や武力紛争下でも平時においてもみられる。また、いずれの場合も、その被害は重層的である。つまり、小型武器は、直接人々に身体的な被害を加えるばかりでなく、精神的な被害（トラウマ）をもたらす。さらに、小型武器が乱用されることによって、副次的に、日々の生活において人々の福祉や権利を侵害する。

今日の武力紛争における死者の60％から90％は小型武器によるものとみられる（GIIDS 2005）。イラク、シエラレオネ、ルワンダ、ブルンジ、エルサルバドルなど、1990年代にみられた武力紛争のいずれにおいても例外なく、数多くの死傷者をもたらした原因の

1つは小型武器である。また、これらの武力紛争のいずれにおいても、小型武器は不正に使用され、多くの犯罪（女性に対する性的暴力、強制的な子ども兵士の雇用、強制移住など）に使われた。また、紛争後も、これらの国では小型武器が社会に蔓延し、その不正な使用によって治安を悪化させる原因の1つになった。日々の市場へのアクセスが困難になったり、安全に学校へ行くことができなくなったりする。国内避難民や難民キャンプでも、銃で武装したグループによって暴力が横行することは珍しくない。避難民のキャンプが武器取引の拠点になることも往々にみられる。たとえば、スーダンのダルフール地域の避難民キャンプにおける軍事化と小型武器の取引は深刻な問題であった（第2章参照）。このような状況が紛争後も長期にわたってみられる国では、人道支援や開発支援を実施することが困難になり、人々の生活はもちろん、国家の再建や社会復興へもその悪影響がもたらされる。紛争当事国ばかりでなく、その周辺国においても、小型武器が流出して同様の問題が生じる。

近年では途上国に対する開発協力においても、小型武器の問題が国家の経済発展を阻害する要因という観点からばかりでなく、人間開発へも悪影響をもたらすものとして注目されている。[1] 一般に、治安が不安定な国では、社会サービスに使うべき予算を治安維持に使

図表１－１　各国のGDPにおける軍事費，教育費，医療・保健費の割合

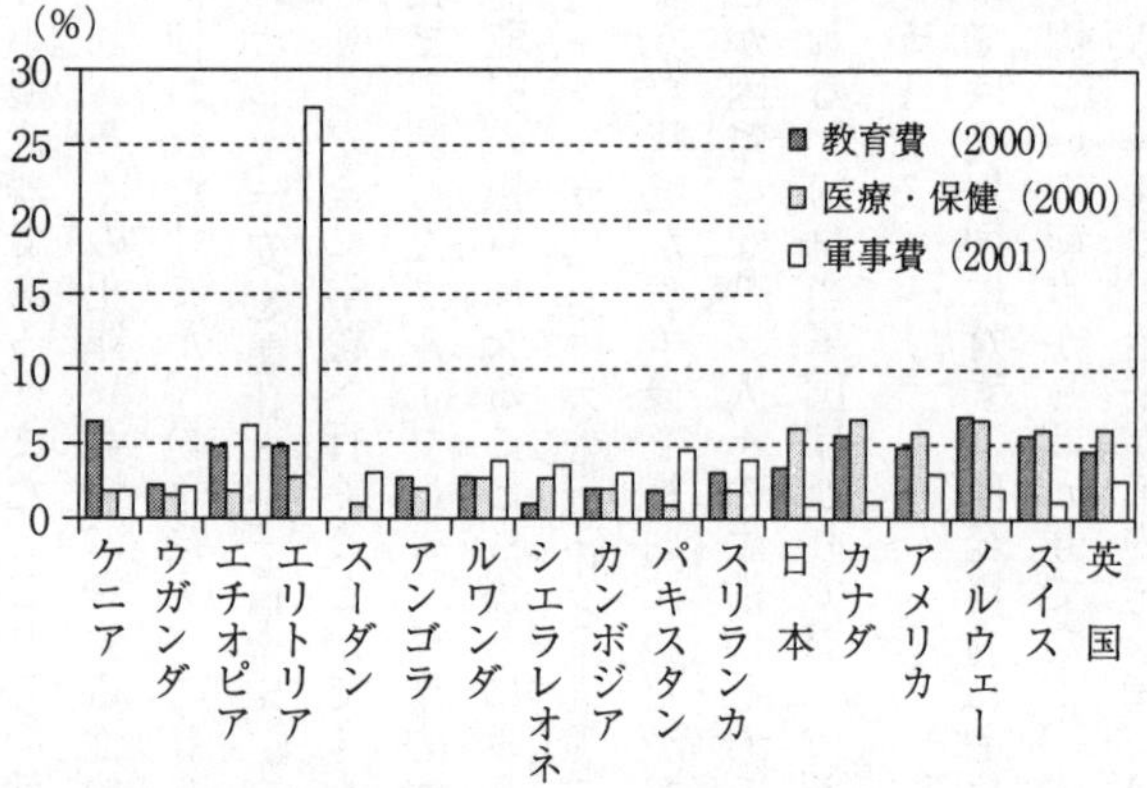

出所：UNDP（2003），pp.295-298 を参考に著者作成。

わざるをえなくなる。図表1―1は、いくつかの国の国内総生産（GDP）における軍事費、教育費、医療・保健費の割合を示したものである。これをみると、国内の治安が不安定な地域の多くが、教育費もしくは医療・保健費よりも軍事費に国家予算を費やしている。小型武器は目にみえない形でも人々のさまざまな権利を奪うことになる。

武力紛争以外でも、小型武器は銃の乱射、殺人事件、強盗などにおいて使用され、多くの犠牲者を生む。前章の図表序―1で示した、一般市民による小型武器の保有がもっとも高いアメリカでは、自殺および他殺による死者数のうち、銃器

図表1－2　中南米諸国の銃による殺人率（%）の推移（1997－2009）

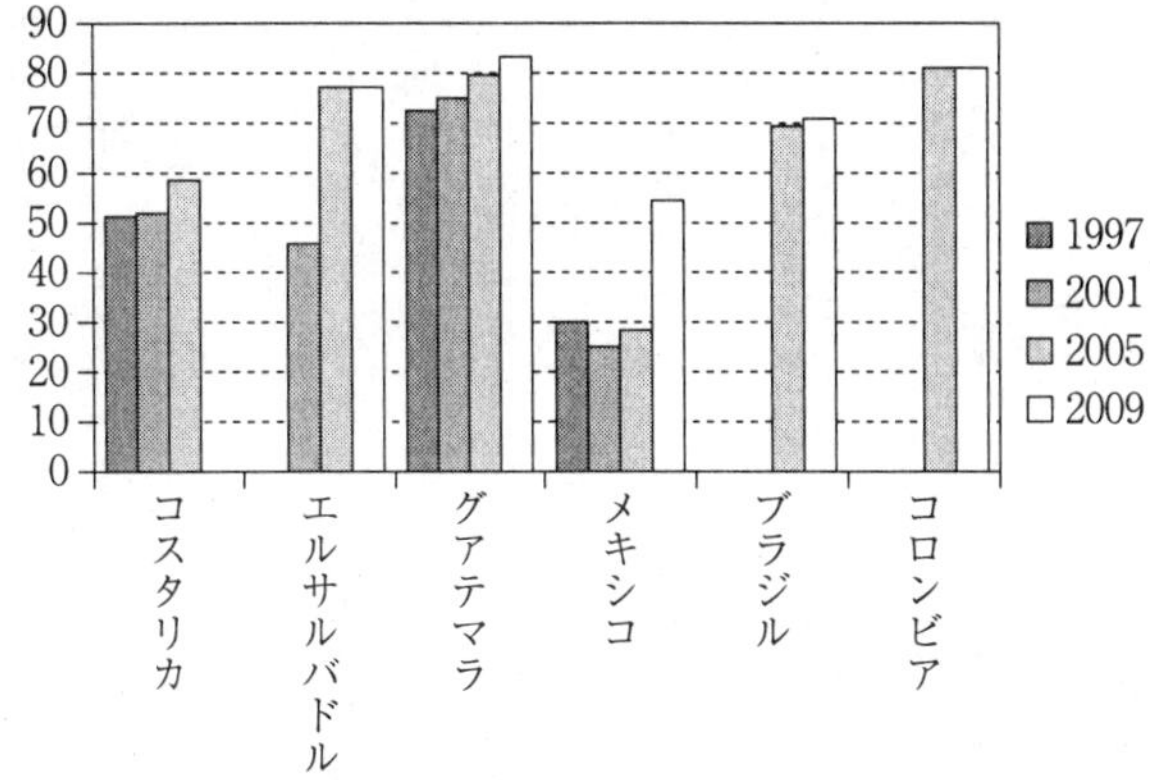

出所：UNODC（2010).

を使用したものが、それぞれ60%を占める（全米健康統計センターの死因調べによる）。誘拐、拷問、脅し、女性や子どもに対する暴力など、小型武器を使用したあらゆる種類の犯罪と暴力の犠牲者の数も膨大である。南アフリカやオランダでは、小型武器を使った犯罪は、１９９０年代前半と後半では明らかに増加傾向である[2]。また、アルゼンチン、ブラジル、メキシコ、グアテマラなどの中南米諸国も、銃犯罪が増加傾向である（図表１―２）。治安が悪い状況は、多くの人々に自衛の必要性を感じさせる。恐怖の連鎖が一層治安を悪化させることになるのである。

銃が増えると犯罪が減る?

２０００年、アメリカで出版された1冊の本『銃が増えると犯罪が減る』（日本語タイトルは著者訳）が一大論争を巻きおこした（Lott 2000）。この本は、１９７７年から１９９４年までの、アメリカのすべての州における犯罪に関するデータを使って銃規制の影響について分析したものである。この本で著者は、アメリカでは銃を護身用に人目につかないよう隠して携帯すること（隠匿携帯）を合法化している州が増えたが、隠匿携帯を合法化した州は、厳しい規制を行う州に比べて殺人などの暴力犯罪が減少したことを示した。犯罪者にとって、武装した市民を攻撃することは、自分へのリスクが高くなることから、こうした州では犯罪を控え、より銃規制の厳しい州で犯罪を行うようになったことを、アメリカ連邦捜査局（ＦＢＩ）などのデータを用いて説明する。この主張を全米ライフル協会は、すぐさま歓迎した。しかし翌年には、別の研究者が、同じデータをより高度な計量経済手法によって分析し、銃の隠匿携帯は殺人率を下げることに微々たる影響しかもたらさないことを示して反証した（Duggan 2001）。すでに高い割合で銃の所持がみられる州では、隠匿携帯を合法とする法律は大きな変化をもたらさなかったことも指摘した。また、１９８０年から１９９８年までの調査で、銃の所有者の増加が翌年の犯罪の増加をもたらしたことを示し、その逆、犯罪の増加が銃の所有者を増やしたのではないと指摘した。一般市民による銃の所有が世界でもっとも高いとされるアメリカでは、今日まで、銃規制の賛成派と反対派の間で対立する主張が決着をみないままである。銃の規制を行うことによって犯罪が減るという主張と、逆に犯罪が増えるという主張は、終わりのない論議を展開する。

一方、同じ先進国で一般市民による銃の所持率が世界で3番目に高いスイスにおいても銃規制をめぐる議論が行われた。２０１１年、軍用銃を自宅で保管することを禁止することについての賛否を問う国民投票が行われた。日本ではあまり知られていないが、スイスは武器輸出大国の１つでもあり、武器の保有総数では世界で22番目である（GIIDS 2007）。スイスは銃による他殺がヨーロッパでもっとも高く、近年では、銃で命を絶つ人の割合が世界でもっとも高い国といわれる。１９４０年以来、永世中立を保つスイスは、国民全員で国防を担おうという国家の姿勢があり、兵役を務めた国民は、実弾のない武器を自宅に保管して射撃訓練を行い、武器に慣れておくことが求められる(3)。したがって、国民が銃を自宅に保管することは特別なことではない。スイスでは、個人が一般家庭で私有する銃の数は約24万5千丁といわれ、これに加えて、射撃練習のためにスイス軍から貸し出されたものが5万5千丁ほどとみられる。こうした状況から、個人で所有される小型武器の数が多いことが銃による他殺や自殺を増やす要因であると考えられ、「女性や子どもを銃から守るため」として規制が必要であると議論されたのである。国民投票では、各自が銃の自宅保管をやめて自治体の兵器庫に保管して、銃の所持に厳しい規制を設けるかどうかが問われた。この規制案を発議した委員会には、政党だけではなく、各種の平和団体、女性保護団体、医師会、児童保護団体などが含まれる。銃規制の反対派には、保守政党や中道政党が含まれる。反対票を勧める政府や議会は、今回の議案には自殺を抑止したり、犯罪や銃器の違法取引を制限したりする効力はないこと、また、武器庫での銃器の管理に要する事務手続きの増加を理由に挙げた。国民投票前に行われた地元紙による世論調査では、賛成が52%、反対が39%、未定が9%であったが、国民投票の結果は否決、つまり銃器はこれまで通り、家庭において保管されることになった。

社会における小型武器の数、もしくは個人が銃を所有する割合と、実際に起こる銃を使った犯罪の数との関係は予想以上に複雑である。学術的には現在までのところ、これらの正の関係を実証するには至っていない。つまり、銃の存在が犯罪や殺人、もしくは武力紛争を増やすことは実証されていないのである。

このようなアメリカやスイスの状況を、他の国や地域における小型武器の状況と一概に比較することはできない。警察や司法を含めて国家の安全保障機関の統制がとれたアメリカやスイスと、そうでない国では社会基盤は大きく異なる。また、同じ先進国であっても、アメリカでは銃を保有することを1つの「権利」と捉える（アメリカ合衆国憲法修正第2条）。スイスでは、国民が一丸となって国民の生命と国を守る民間防衛を要とする永世中立国としての国防をとっており、他国のそれとは異なる。つまり、社会的にも、文化的にも、また政治的にも、その基盤は大きく異なる。国内武力紛争や地域内に武力紛争中の国が存在する場合や、武力紛争を経験した国とその周辺諸国における銃の犯罪の頻度や質と、アメリカやスイスにおけるそれらは異なる。

この論争から何を学ぶだろうか。銃規制の賛成と反対をめぐる論争は、いつも「人道」や「人々の安全」を基準にして行われるものではないことは明らかである。銃をめぐる議論の背景には、過分に、政治的意味合い（信条や支持グループの影響、国家の在り方）や経済的利得（武器の製造や取引）、社会的背景（文化や歴史）が複合的にその方向を左右するものとして存在することを忘れてはならない。

小型武器の一生

先にも述べたが、小型武器が不正に使用されることは、小型武器にかかわる問題の一局面にすぎない。小型武器の問題を考えるとき、それが製造されてから廃棄されるまで、つまり、小型武器の一生のそれぞれの局面で起こる不正と非合法性について考えなければならない。小型武器はその一生において多くの国をわたる。したがって、小型武器の一生の複数の局面で起こる不正と非合法な状況について、国内の側面だけではなく、国際的な側面についても考えなければならない。小型武器の一生には少なくとも、製造、移転、使用、再移転、廃棄という局面がある。これらのそれぞれの局面において不正が行われたり非合法であったりすることが問題になる。ここでいう「移転」とは、国境を越えた小型武器の移動を意味しており、輸出のみならず、輸入、積み替え、通過、贈与、ブローカー（仲買人）取引などの複数の局面を含む。したがって、小型武器の「移転」の局面だけに注目しても、非合法な輸出、積み替えや通過時に起こる非合法市場への流出、武器の輸出が禁止される国へのブローカー取引など、問題が生じる局面は数多い。

それぞれの小型武器の一生を追跡することは困難である。本来、製造の段階で、製造国、製造会社や製造品番（シリアル番号）、製造時期などを刻印することによって、ある程度の追跡を期待できるが、紛争地域で発見される小型武器には、刻印がなされていないもの、偽の刻印が施されているものや、国から国へ紛争地帯から紛争地帯へ移動する間に、あまりに激しい使用によってナンバーが磨耗してしまっていることも多い(4)。小型武器の最終局面である「廃棄」についても、それをどのように行うのか、環境に配慮した廃棄が行われるかどうかも問題なのである。このような小型武器の一生を考えると、それぞれの問題の局面へのとりくみがいかに複雑であるかがわかる。

世界のどこで製造されているのか

すでに世界に広まった小型武器の膨大な数と、それによる被害の甚大さが認められながら、今日でもその製造は行われている。小型武器の供給を根本的に支えているのが、製造であることはいうまでもない。商業規模での小型武器の製造には、一定の技術が必要になる。商業規模で製造できる技術をもち、小型武器と弾薬の製造能力があるとみられる国は、現在90カ国以上に及ぶ（GIIDS 2004）。

国の適当な機関から認可や許可証をうけて武器や兵器の製造が行われる場合は、「合法」な製造とされる。現在では認可や許可証を受けた製造が一般的であり、世界に存在する大多数の小型武器は合法に製造、取引されたものである（United Nations 2008）。世界には、小型武器、軽兵器、爆発物と弾薬を合法に製造する製造会社があわせて１２００以上も存在する（GIIDS 2004）。

世界で小型武器を産業規模で製造する国は、その製造量と製造額の大きさから、主に４つのグループに分類される。１つ目のグループは製造額がもっとも高い主要製造国で、アメリカ、中国、ロシアである。２つ目は、ヨーロッパとアジアなどを中心に、あわせて20カ国ほどの中規模の製造国のグループである。３つ目のグループは小規模な製造国で、30カ国ほどが含まれる。他の40カ国ほどが４つ目のグループに入り、製造能力があることはわかっているが、情報が少なく詳細は明らかではない。

２００３年の小型武器の製造国を地域別にみると、製造国の数も製造会社の数も、ヨーロッパ地域がもっとも多い（図表１―３および図表１―４）。しかし、先にも述べたが、小型武器の製造額でみると、中国、ロシア、アメリカが主要な製造国である。今日、世界の合法な小型武器の製造会社の大半はアメリカとヨーロッパ地域にあり（図表１―４）、多くの小型武器は、これらの地域で製造される。ロシアと中国については、その製造規模の詳細については明らかではない。同様に、アジアとアフリカにおける製造会社について

図表1－3　地域別，小型武器製造国数（2003年）

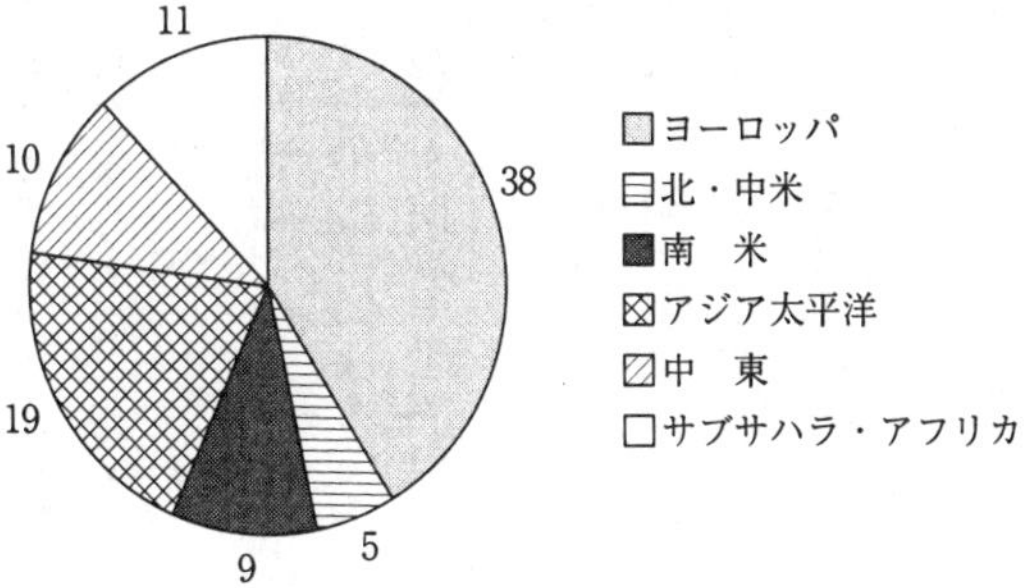

出所：GIIDS（2004）p.9.

図表1－4　地域別，小型武器製造企業数（2003年）

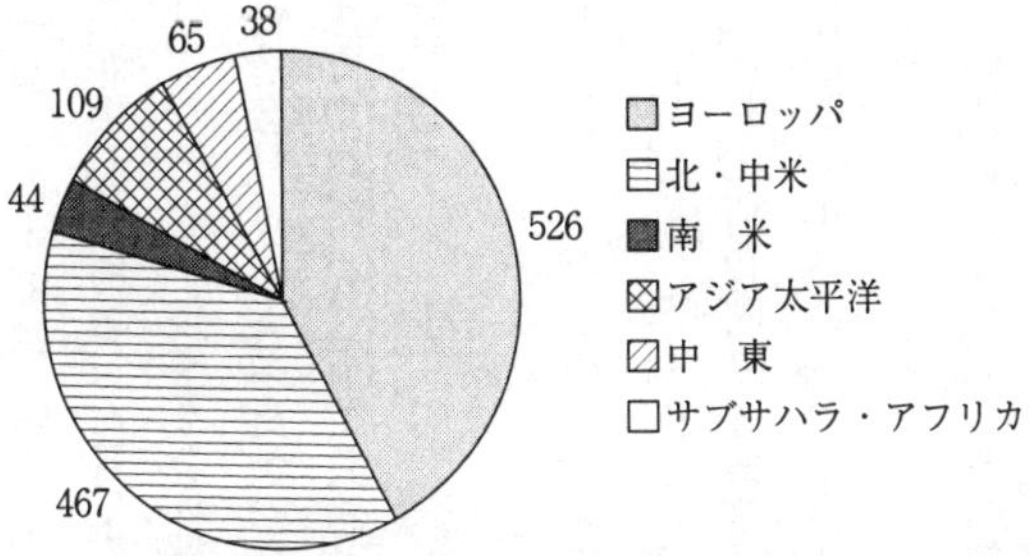

出所：GIIDS（2004）p.10.

も、その名前と製造品以外の情報は明らかにされていない。西ヨーロッパ、南米、東・中央ヨーロッパでは、中小規模の製造会社が多く存在する。南米では、主に国内市場向け、もしくはアメリカの一般市民向けの小型武器の製造が中心である。西ヨーロッパでは、オーストリア、ベルギー、フランス、ドイツ、イタリアなどの中規模な会社において輸出向けの小型武器を中心に製造している。小型武器の製造会社は、従業員数が10名程度のものから1000人以上のものまで、その規模はさまざまであるが、小型武器を製造できる国は、地域を問わず世界中に存在することがわかる。

小型武器の製造額が高い国15カ国を図表1―5に示した。このなかでアメリカは、合法な小型武器の50%以上を製造するとみられる。また、世界でもっとも大きい国内市場をもつ。つまりアメリカは名実ともに小型武器の生産国であり、消費国でもある。しかし、アメリカ経済における小型武器の製造と輸出額は、全体のごく小さい割合を占めるにすぎない[5]。

今日、国の適当な機関から認可や許可を受けていない非合法な小型武器の製造は、少なくとも25カ国において行われている（GIIDS 2001）。南部アフリカ、南アジア、東南アジ

図表１－５　小型武器の製造（商業ベース）

上位15カ国　（五十音順）

アメリカ
イギリス
イタリア
インド
オーストリア
カナダ
北朝鮮
スイス
中　国
ドイツ
トルコ
パキスタン
ブラジル
ベルギー
ロシア

出所：GIIDS（2001）.

ア地域において非合法な製造が行われていることはよく知られる。こうした製造はクラフト（craft）と呼ばれて、手工業で小規模に行われるものである。クラフト製造される小型武器の製造量は明らかではないが、世界で合法に製造される小型武器の割合からするとごく小さい。クラフト製品は、本物の小型武器に似せたコピー製品で、本物よりも安価で販売される。ガーナやパキスタンには、こうしたクラフト製造を行う技術者がおり、パキスタンでは手工業的に小型武器を製造する作業所が２００ほども存在する。クラフト製造による小型武器のほとんどは、犯罪や反政府活動に使用される。コロンビアでは、反政府武装組織であるコロンビア革命軍が、イタリアの半自動拳銃やアメリカのマシンガンなどのコピー製品を製造しており、本物の3分の1以下の価格で流通する。

小型武器の製造は、冷戦期に、旧ソ連を中心とする東側とアメリカを中心とする西側の両陣営で、それぞれに必要な兵器を確保するため活発になった。より多くの小型武器の生産を可能にするため、製造や開発の技術移転が行われた。自社の武器を他社が製造することを許可するライセンス製造が増え、ライセンス製造を行う中小の製造会社の数と、そうした製造会社をもつ国や地域の数が増加した。ライセンス製造を行う多くの国は、費用と時間のかかる兵器の研究・開発を行うことなく小型武器を製造することができるようになった。こうして、合法な小型武器の製造拠点が冷戦期に世界中で拡大したのである。

新たな小型武器の開発で得をする会社

小型武器に関する数のデータは、いずれも見積もりの域を脱しない。しかし、世界で年間に製造されるおよその量は明らかになっている。小型武器、軽兵器、弾薬と爆発物を含めて年間の製造量は、約70億から80億米ドルに値する（GIIDS 2003）。近年の調査では、年間平均の製造額は、弾薬・爆発物だけで約43億米ドルにのぼるとみられ、小型武器の製造額も、これまでの予想よりはるかに大きいことがわかった（GIIDS 2010）。小型武器の数でみると、１９４５年から２０００年までの間に約34億7千万の小型武器が製造されたとみられる。年平均で計算すると、１９９８年ごろまでの製造は年間およそ６３０万と見積もられる。それ以降は減少しており、２０００年の時点では年間４３０万程度である（GIIDS 2001）。今日の製造量は減少傾向であるとみられるが、その数は決して少なくはない。

製造量が減少しているのを反映して、小型武器の製造を行う会社でも近年、新しい動きがある。主要な製造国や製造会社は、最新鋭の国防用小型武器の製造にのりだした。中国やロシアなどの主要製造国を含め、革新的な小型武器と軽兵器の製造を行うための共同事業である（GIIDS 2001）。ヨーロッパ諸国の軍では、再軍備プログラムのもとで新しい小型武器と軽兵器の導入が計画され、より優れた新しい小型武器の増産が期待されている。またアメリカでも、複数の製造会社が新たな小型武器技術プログラムを進める。このプログラムでは、これまでより30—40％軽量な小型武器と弾薬の開発を進めている（Shipley and Spiegel 2008）。これによってアメリカは、既存の小型武器の入れ替えを目指すものである。

これとは対照的に、主要製造会社からライセンスを受けた中・小規模の製造会社では、従来のタイプの小型武器の製造が行われる。イラクやアフガニスタンなどの戦闘で、重兵器に対抗する小型武器の存在が目立った。従来のタイプであるライフルや機関銃などの小型武器は、単純な構造をもつが、頑丈さと利便性では優れると評価される。このような使用しやすい小型武器の需要は、今後も継続して見込まれる。したがって、主要な会社からライセンスを受けた中小の会社は従来の小型武器の製造を行う。このように、世界では、主要な会社による新しい小型武器・軽兵器の開発と、中小規模の会社による従来の小型武器をライセンス製造する体制が構築される。ライセンス製造は主要製造会社のもとで行われることから、いずれにしても、もっとも利益を得るのは、主要な製造会社と主要製造国ということになる。

小型武器の国際取引

ジュネーブ高等国際・開発問題研究所の２００３年の見積もりでは、小型武器の年間の国際取引額は、少なくとも40億米ドルであった。２００９年には約85億ドルと見積もられ、２００３年と比べ倍以上に増えた（GIIDS 2012）。世界が基礎教育のために行う援助総額は約27億ドル（2010年統計による）であることを考えると、その規模の大きさがわかる。小型武器の製造を行う主要地域であるヨーロッパ諸国と、主要製造国であるアメリカ、中国、ロシアは、その輸出大国でもある。図表1―6には、小型武器の年間輸出額が1億米ドルを超える国を高い順に示した。先の図表1―5に示した主要な製造国のほとんどが輸出国として名を連ねる。また、図表1―7、1―8より、輸出入ともに欧米諸国が占めることがわかる。この輸出入額の数値は、各国の申請によるもので、合法に行われ

図表1－6　小型武器輸出国順位

（2007年，年間1億米ドルを超える国）

1	アメリカ
2	イタリア
3	ドイツ
4	ブラジル
5	オーストリア
6	ベルギー
7	イギリス
8	中国
9	スイス
10	カナダ
11	トルコ
12	ロシア

出所：GIIDS（2010）p.8.

図表1－7　地域別小型武器・弾薬輸出額（各国報告2000年）

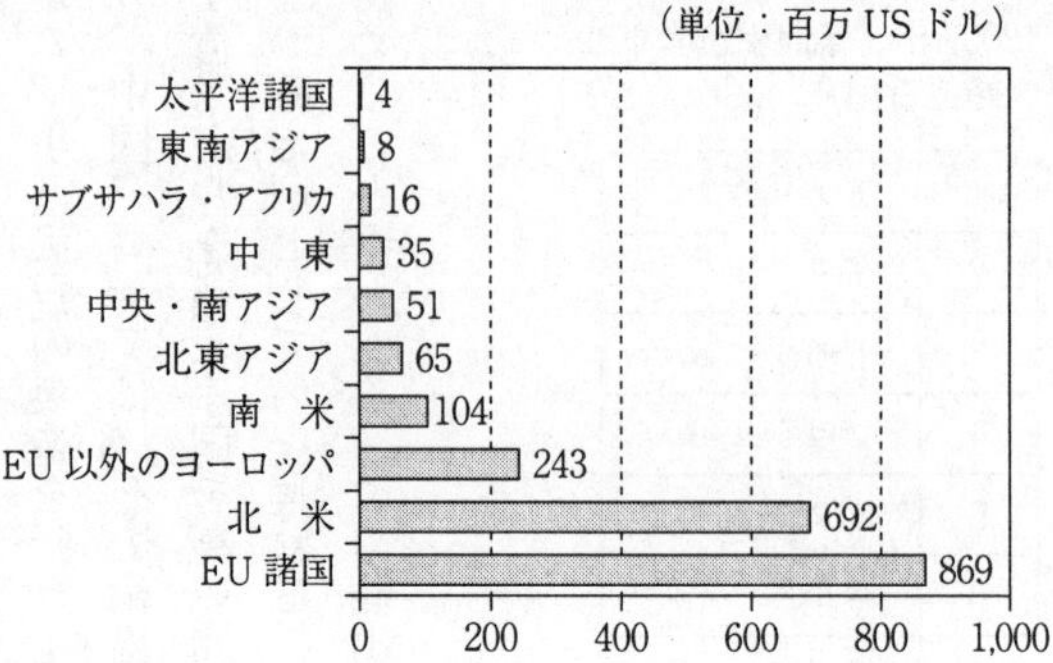

出所：GIIDS（2003）p.100. 国連データに基づく。

る取引だけの記録に基づいている。この情報には、新しく製造された小型武器と弾薬の輸出入額が示されるが、中古の小型武器については含まれないことが多い。中国のように、軍用の小型武器の輸出額のみ報告するなど、部分的な情報しか公表しない国もあることから、ここに示された各国の輸出入額も推測の域を脱しない。しかし、先に示した小型武器製造国に関する状況（図表1―3、1―4、1―5）との対照によって、世界全体において、小型武器の出処に関わる地域や、その中心となる国のおおよそが把握できる。

武器の取引をめぐる3つの顔

国家間で行われる兵器の取引について考えると、単に兵器輸入国の軍備に影響をもたらすだけ

図表1－8　地域別小型武器・弾薬輸入額（各国報告 2000 年）

（単位：百万 US ドル）

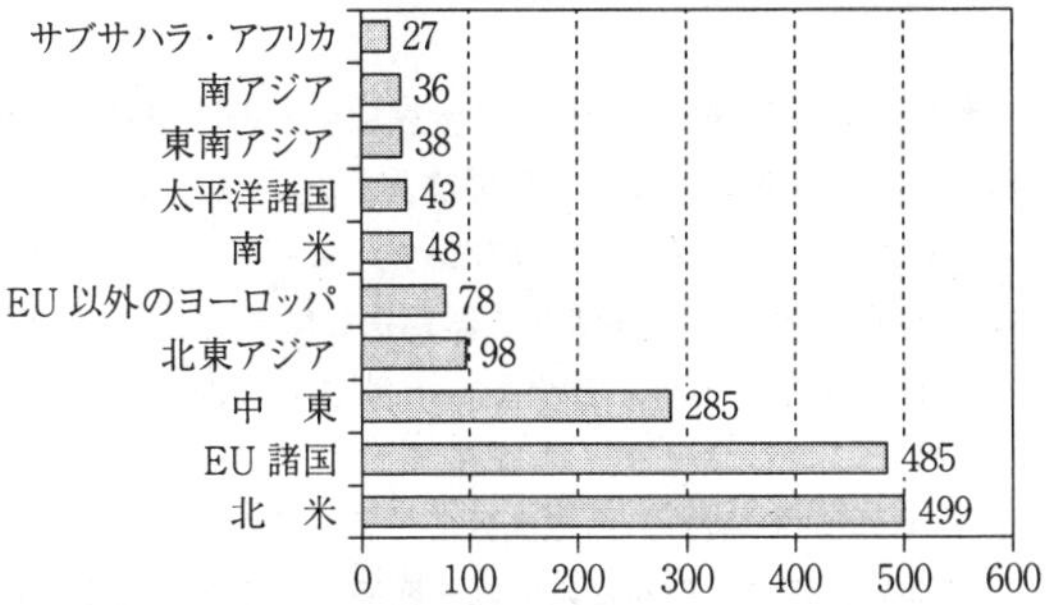

出所：GIIDS（2003）p.100.　国連データに基づく。

ではなく、輸出国と輸入国の双方にそれぞれの軍事的、経済的および政治的意味合いがある。輸出国にとっては、小型武器の製造ライン・能力の維持と確保という軍事的な意味合い、外貨の獲得、資源との交換、基地や通行の許可を確保するなどの経済的意味合い、同盟国や友好国との関係強化、紛争地域で支持を得るためといった政治的な意味合いをもつ。軍用機や大砲などの重兵器の輸出と比べて、小型武器は通常兵器のなかでも1つあたりの費用が低いことから、大国にとっては経済的な意味合いよりも他の側面が目立つ。先に述べたように、アメリカは小型武器の製造と輸出額は高いが、国家経済全体からするとその割合は低い。しかし、小型武器を輸出することによる影響力の行使など、その政治的意味合いは大きい。他

コラム 死の商人
COLUMN

営利目的で，敵味方に関係なく武器取引を行う組織や人物（武器商人）の蔑称として「死の商人」という。リベリア，シエラレオネ，パキスタン，ルワンダ，スーダン，フィリピンなどの紛争地域への違法な武器輸送に関与した「死の商人」として有名なのは，ビクトル・ボウト（Victor Bout)。2005年にニコラス・ケイジが主演した『ロード・オブ・ウォー（Lord of War)』の主人公のモデルとなった人物の1人。コロンビアのテロ組織に武器を密売し，米国人殺害の共謀罪に問われ，2012年4月ニューヨークの連邦地裁で懲役25年の判決を受けた。

方、中小国にとっては、小型武器の輸出による経済的意味合いは小さくない。小型武器と弾薬は、外貨の獲得には有益である。いずれの国も、自衛や自国の安全保障のために必要となり、常時保有する兵器である。また、国家機関だけでなく、武装勢力や一般市民にも保有される兵器であることから、不安定な地域では需要が高くなる。小型武器の供給は国内の軍部におよぼす影響も大きいことから、国によっては、小型武器と弾薬に費やす予算は多額となる。小型武器の輸入国にとっては、軍備をめぐる支援を得ること、供給国のセールスの影響、相手国との関係強化などの意味がある。

冷戦期にみられたグローバルな対立におい

て、東西両陣営が小型武器を戦略的に供給したように、イデオロギーなどで対立状況にある武器輸出大国の政治的影響は、世界規模でもたらされる。小型武器の取引をめぐっては、背後で動く政治的意味合いが無視できない。近年では、中国のように、欧米諸国とは異なる基準で武器を輸出する可能性もあり、今日の武器取引をめぐる意味合いは複雑である。

ブローカーにとっての天国

小型武器の取引や移転は国家間のみならず、個人や私的な団体の間で行われることもある。またその過程で、ブローカー（仲買人）がかかわることもある（ブローカー取引）。ブローカー取引は一般に、ブローカーが武器の契約交渉、資金調達、購入や輸送などの手配を行って手助けするもので、「ブローカリング」ともいう[6]。ブローカー取引にかかわる小型武器は、必ずしもブローカーが所有するものとは限らず、また移転元と移転先がブローカーの活動拠点ではないこともある。ブローカーが扱うのは、非合法な武器だけではなく合法な武器も含まれる。このようなブローカー取引を支えるのが便宜置籍国である。便宜置籍国は、船や航空機の持主がそれらを所有するためだけの会社を設置すること

（ペーパー・カンパニー）を許可して、船舶や航空機の所有や置籍で生じる税金を抑えたり（タックス・ヘブン）、乗組員の国籍要件などに関連する規制を緩やかにしたりする国である。こうした国は事実上、ブローカーに都合のよい活動拠点を提供することになる。パナマ、バハマ、キプロスなどの小国やリベリアは、こうした便宜置籍国である。武器のブローカーは、このような規制の弱い国に会社を登録したり居住したりする。

より多様に、より複雑に

小型武器の製造量が減少していることからもわかるように、小型武器産業は全体的には下降傾向である。先に述べたように、１９９８年までと比べ、２０００年の1年間に製造された数は２００万程度少ない（GIIDS 2001）。世界で取引された小型武器以外の通常兵器の額をみても、１９８０年代後半をピークに、２０００年前半ごろまで下降の一途をたどる（SIPRI 2010）。しかし、こうした取引額の減少とは対照的に、市場や社会における小型武器の流通は衰えてはいない。これは小型武器の供給者と需要者の双方にみられる変化によるところが大きい。

小型武器の供給側にみられる変化は、製造会社の数、製造国と輸出国が増加していることである。小型武器を合法に製造する会社の数は、1980年と比較して3倍である(GIIDS 2001)[7]。非合法に製造する会社を含めると、その数はさらに膨らむ。製造会社が増えるばかりでなく、これまで小型武器の主要な製造地域であったアメリカやヨーロッパに対抗して、近年、オーストラリア、ブラジル、イスラエル、シンガポール、南アフリカなどの中規模な製造国が目立つ(GIIDS 2004)。これらの国の多くは、小型武器だけでなく他の通常兵器の製造についても、1980年代ごろから輸出を伸ばして輸出大国となった国である。たとえば、1960年から1969年まで、通常兵器の輸出が1億米ドルを超えた国のリストと、1980年から1989年の間に通常兵器の輸出が10億米ドルを超えた国のリストを比較すると、西ヨーロッパ諸国に並んでイスラエル、ブラジル、北朝鮮が新たに加わる。同じ期間に1億米ドルを超える輸出国になった国には、リビア、エジプト、シンガポール、シリアなどが含まれる(SIPRI 2010)。新規に小型武器を製造する会社や国が増えた以外にも、冷戦後、旧ソ連や東欧諸国のなかから余った中古の小型武器を取引する国が現れた。これにより小型武器を市場へもたらす製造国や会社、輸出国が増加した。つまり市場では小型武器の商取引は衰えていない。また、冷戦の終焉による東西の分断の消滅は、小型武器の製造会社によるロビー活動を増やしてその売り上げにも影響をおよぼした。グローバル化の影響による闇市場の活性化も、小型武器の取引を増やした要因である。

小型武器の需要者側にも変化がみられる。近年、各国の武器や兵器の老朽化が目立っており、装備の入れ替えを行っている。経済成長に後押しされて、軍備を新たにする新興国もみられる。たとえば、インドは装備の約7割が旧ソ連およびロシア製の兵器で、その老朽化が進むなか、海外からの調達や共同開発を推進している(防衛省 2011、2章)。高い経済成長を背景に軍備の増強と近代化を進めており、2012年の国防予算は前年度より17%の増加で、過去5年間で2倍である。このように軍備の刷新を要する新興国は少なくない。こうした刷新の流れのなかで、新規に購入される小型武器の需要も高まり、その市場を活性化させるのである。

武装グループによる小型武器の調達も活発である。武装グループの購買力の向上も、小型武器の市場を活性化させる要因である。通信技術の発展とともにコミュニケーションが容易になり、国際的なネットワークを使った資金の調達、武器や弾薬の購入がより迅速に行われるようになった。電子媒体での銀行取引が可能となったことによって、資金の移動は簡単に行われる。通信技術の発達も、今日の非合法な小型武器の取引を支えるものである。

このような変化は、今日の小型武器の問題とどのようにかかわるのだろうか。小型武器の製造会社や製造および輸出国の増加は、入手先や入手ルートの多様化をもたらす。インターネット通信を利用したコミュニケーションが発達した今日では、小型武器の調達は、これまで以上に迅速、多様かつ複雑である。武器の動きが複雑化するとともに、移転の途中で違法な取引や闇市場へ流れる武器も増えることは予想がつく。

小型武器の世界的な流れ

小型武器の製造と移転の現状をみると、欧米諸国を起点とする流れが浮かび上がる。今日の武器と兵器の世界的な流れは、第2次世界大戦以降の欧米諸国の軍事技術の進歩のうえになされた兵器システムの開発とその拡散に描かれる。小型武器の世界的な広がりも、兵器システムにかかわる通常兵器の流れに沿うものである。兵器システムは、艦船、航空機、戦車などの兵器のプラットフォーム、ミサイルや砲、魚雷などの兵器自体と、指揮・通信手段とを結びつけるものである。欧米で発展した兵器システムは、第2次世界大戦後のアメリカを中心とする軍事援助の貸付計画のもとで、東南アジア条約機構（SEATO）、太平洋安全保障条約（ＡＮＺＵＳ）、中央アジア条約機構（ＣＥＮＴＯ）、北大西洋条約機構（ＮＡＴＯ）、南米におけるリオ条約などを通して世界に拡散した。これらの地域では、米国と西ヨーロッパ諸国によって、航空機、戦艦とミサイルの輸出、技術要員の供給、軍事アドバイザーの派遣、軍事訓練援助が行われて強化された。他方で、旧ソビエト連邦（ソ連）は１９５４年に兵器輸出を始め、とくに重要な国（シリア、アルジェリア、エチオピア、リビア、インド）に対する軍事援助を行った。兵器システムを所有することは、このような欧米諸国や旧ソ連に従属することを暗に受け入れることを意味する。

　欧米の軍事企業の多くは途上国に子会社をもつ。今日、小型武器やその他の兵器の製造を行うアルゼンチンやブラジル、インドなどは輸出国となったが、それらの製造は、先進諸国の製造企業に大きく依存する。先にも述べたように、ほとんどの途上国における製造会社は、欧米諸国からのライセンスを受けて製造を行う。ライセンスを与える側は、製造工場の建設と管理においても援助を行う。事実上、生産は組み立ての域を出ないものも多く、兵器の種類によっては部品の輸入にかかる外貨の総額が完成品を輸入した場合の値段を超えることもある（カルドー　２００３、５章）。欧米諸国の武器製造企業は、武器を売るほかにも兵器製造の基盤をつくることに深くかかわる。途上国における兵器の製造は、途上国における西欧の軍事的補完物としての性格に産業的側面を付け加えるにすぎないのである。途上国の工業化のパターンをみると、野心的な計画が行われるときは、ほとんどの場合、兵器産業によって支配される傾向がある。経済成長に成功した先発の途上国には、兵器輸入だけで、輸入機械全体の5分の1を占める国もあった。インドでは、1965年と1971年の戦争による兵器の輸入コストが、1960年代半ばの経済成長鈍化の主要因だったといわれる。

第2次世界大戦以降、冷戦期の小型武器を含む兵器の世界的な流れは、科学技術、軍事、産業、経済（資本）面で進んでいる欧米諸国と、それに対立する旧ソ連から、後発国へ向けられた。実際の兵器や武器の供給は、冷戦による西側と東側というイデオロギー対立に沿って、それぞれの陣営が同盟国および友好国へ向けて、また、同じ国においても、それぞれの陣営が支援する勢力へ向けて行われた。つまり、先進諸国を起点として、政治的な対立に左右されながら、兵器や武器の拡散の流れが形成される。

近年の兵器や武器の移転をめぐっては、冷戦の終焉という政治的な流れの変化に加えて、後発国のいくつかが技術力の向上、中古武器の販売、外貨獲得による兵器開発への参入によって輸出国になった。冷戦期に行われた武器や兵器の途上国への積極的な販売が、新たな武器輸出国を生み出したのである。これによって今日では、兵器や武器は多角的に購入できるようになった。小型武器については、製造において主導権を握る欧米諸国とロシアからの流れは今後も大きな変化はみられないと予想されるが、製造および輸出大国の1つである中国がその流れにどのような変化をもたらすかは注目されるところである。

冷戦から「対テロ戦争」へ

今日の世界的な小型武器の広まりを説明する要因の1つは冷戦である。冷戦の影響は、武力紛争国への武器の供給、小型武器の製造国および会社の増加など、直接または間接的に小型武器の拡散と関連する。そもそも武器の製造および輸出大国の間で繰り広げられる対立は、兵器や武器の製造と移転、各国や各地域で展開する紛争地域にもたらされる武器と兵器の数を左右する。事実、冷戦下のアフガニスタンやアンゴラ内戦は「米ソ代理戦争」とも呼ばれ、アメリカと旧ソ連が支援する勢力に供給された武器と資金によって、泥沼の戦闘が展開された。豊富な武器が供給された反面、「負けず勝たず」となるよう半ばコントロールされる状況がみられたことも知られる。

アフガニスタンでは、1980年代からアメリカの中央情報局（CIA）が、共産政権に対抗する勢力のムジャヒディンに、パキスタン経由で武器を大量に支援した（カハナー2009、3章）。アンゴラでは冷戦終焉後、旧ソ連の崩壊によって支援が行われなくなると、内戦は停滞して、やがて停戦へと向かった。しかし、これらの国にもたらされた小型武器は冷戦後も国内にとどまり、やがてその周辺国へ流出した。小型武器が氾濫する国や地域では、再び武力紛争に陥る国も少なくない。国連による平和維持活動が成功した国でも、撤退後、5年以内に再び武力紛争に陥るケースが5割を上回る（UN 2005）。また、紛争が終結したあとも、人々が混乱のなかで生き残るための手段として小型武器を使用する。アフガニスタンへCIAが提供した武器は、2001年に同国でアメリカ軍が受ける攻撃において使用された。冷戦下で拡散した小型武器は、1990年代の紛争に使用されており、今日の紛争までその影響がおよぶ。

冷戦にかわる国際的な動きは「テロとの戦い」であろう。2001年9月11日の米国における同時多発テロのあと、武器の主要製造国が含まれる主要8カ国首脳会議（G8）（日本、イギリス、ドイツ、フランス、イタリア、ロシア、アメリカ、カナダ）はいち早くテロ非難声明を出し、翌年には「対テロ戦争」に関する意見の一致と、大量破壊兵器および物質の拡散に対処するためのグローバル・パートナーシップの宣言を行った。

アメリカ政府は、アフガニスタンとイラクにおける「テロとの戦い」の過程で、200億ドルの緊急軍事支出を決めて、国家予算の増額を次々に打ち出した。「対テロ戦争」のもとでは、「味方」とする国に対して、兵器や武器の輸出や合同軍事訓練を実施することが増えた。アメリカ政府は、同時多発テロ以前には、人権侵害を行っている国や民主的制度が十分でない国、核実験を行った国には制裁として武器の提供を行わない措置をとっていた。しかし同時多発テロ以降繰り広げられる「テロとの戦い」においてアメリカは、「味方」とする国に対するこれらの措置を解除した。アルメニア、アゼルバイジャン、インド、パキスタン、タジキスタン、旧ユーゴスラビア（現在のモンテネグロおよびセルビア）を制裁の対象からはずしたのである。また、タイとインドネシアに対する軍事支援の規制も解除した。これらの国の人権や民主制度の状況は改善していないにもかかわらず、武器の提供と他の軍事支援は増加した。2001年以降の5年間に、アメリカの武器販売額は約5倍になった（Stohl 2008）。「味方」とされる国へ供給された支援や兵器が、グローバル化といわれる時代に、それ以外の国へわたらないという確証はない。今日の「味方」が将来の「敵」になる可能性は多大にある。一時的な外交政策のもとで、武器や兵器の供給が決定されることの代償は大きい。

このような「対テロ戦争」のもとで、小型武器の世界的な状況はどうであろうか。短期的にみると、アメリカでは同時多発テロの直後、一般市民による銃の購入が一時的に増加した（GIIDS 2003）。他のいくつかの国でも、そうした一時的な動きはみられた。しかし、小型武器の国際市場を左右するほどの動向は今のところみられない。その長期的な影響については今後も注目されるところである。

註

（1）人間開発は、経済指標のみに注目していた経済中心の開発に対し、人間が自らの意思に基づいて自分の選択と機会の幅を拡大させることを目的として「開発」をとらえるものである。その度合いを測るために設定された「人間開発指数」は、出世時平均余命、成人識字率と総就学率、１人当たりのＧＤＰが指標として用いられ、国連開発計画が毎年「人間開発報告書」のなかで公表している。

（2）オランダでは、武器を使用した犯罪は１９９４年で全体の約８％であったが、１９９９年には15％である（Sagramoso 2001）。南アフリカでは１９９４年には全体の41％、２０００年には全体の49・３％である（Crime Information Analysis Centre 2003）。

(3) 永世中立の立場を保つ国は、多国間で戦争が起こった場合でも中立の立場であることを宣言して、他国がその中立を保障・承認している国である。外国軍隊の国内の通過や領空の飛行、外国による軍事基地の設置や施設の使用を認めない。軍事的な同盟国がないため、他国からの攻撃にあえば自国のみで解決することを意味する。

(4) アメリカやヨーロッパでは新しい小型武器を売り出す前にテストを行い、作動に問題なければ、使用者が安全に取り扱えることを保障するプルーフ（検定）マークを刻印する。また、アメリカの多くの製造会社は、文字やシンボルマークを含む独自の刻印をもっている。しかし、これらの刻印は製造会社のロゴに過ぎない。アメリカでは軍用の武器以外、小型武器の検定は要求されていないため、国が運営する検定局は存在しない。西ヨーロッパのほとんどの国では、検定が小火器国際常設委員会のもとで標準化されている。この委員会は1914年に設立され、加盟国に代わって標準テストを行う。ヨーロッパへ輸出される武器や弾薬は、この委員会の基準を満たしていなければならない。

(5) アメリカでは、小型武器関連では約1万7千人の雇用と20億米ドルに値する小型武器と銃弾を輸出する程度とみられる（GIIDS 2001）。

(6)「武器のブローカー取引（ブローカリング）」については、国際的に合意された定義は存在しない。

(7) ジュネーブ高等国際・開発問題研究所によると、1980年には小型武器の製造企業は200ほどであったが、今日では６００以上である。

第2章　アフリカの角に集まる小型武器

先の章では、小型武器の世界規模での動きについて紹介した。本章では、そうした地球規模で流通する小型武器が集まる地域に注目して、その流通と地域的な特徴や地域的な問題との関連について紹介する。本書では、とくにアフリカ大陸の北東部の7カ国を含む「アフリカの角」に注目する。その理由は、「アフリカの角」は世界でもっとも武装化された地域の1つといわれるからである。先にもふれたが、「アフリカの角」とは、ジブチ、エリトリア、エチオピア、ケニア、ソマリア、スーダン、ウガンダの7カ国にわたる地域を指す。7カ国を合わせて約2億1千万人が暮らす地域である。なぜこの地域にはそれほどの小型武器が広まったのだろうか。

この地域に集まる小型武器の出所は大きく分けて3つある。1つは、アフリカ大陸の他の地域やアフリカ大陸の外からこの地域へ流入するもので、船舶もしくは航空機でもたら

アフリカの角

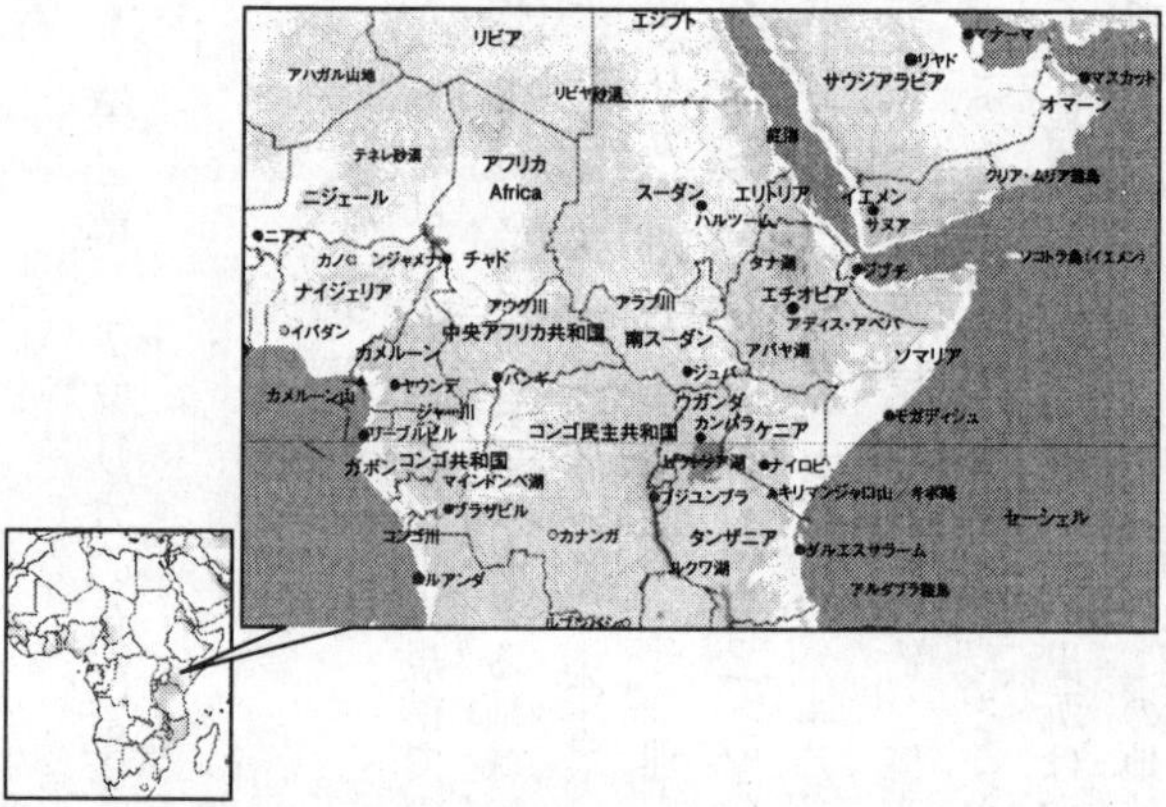

アフリカ大陸

出所：総務省統計局（2012）より抽出。

される小型武器である。2つ目は、アフリカの角の周辺国および地域から陸路でもたらされるものである。3つ目は、この地域で製造される小型武器である。移転される小型武器の数でいうと、アフリカの角の外からもたらされるものがもっとも多い。

本章では、アフリカの角において小型武器を入手できる状況が生じた背景について紹介する。アフリカの角にもたらされる小型武器の出所と、この地域に拡散する状況を概観して、今日、小型武器が大量に集まるこの地域の特徴を炙りだしてみよう。

アフリカ大陸と銃の歴史

アフリカ大陸で使用される小型武器のほとんどは、アフリカ大陸の外からもたらされたものである。このことは、今日も、また、その歴史においても同じである。まずここでは簡単に、アフリカ大陸に銃がもたらされた歴史を紹介しよう。

アフリカ大陸でも地域によってその経緯は異なるが、歴史的には、アフリカ大陸の西部でも東部地域でも、ヨーロッパとの接触において16世紀ごろには銃の存在が確認されている（Kea 1971, White 1971, Fisher & Rowland 1971）。ヨーロッパで開発されたマスケット銃は16世紀から17世紀にかけて、西アフリカの黄金海岸（現在のガーナ周辺）にポルトガルやオランダの貿易船によってもたらされた。17世紀には、イギリス、オランダ、スウェーデン、デンマークなどの貿易商が黄金海岸地域での拡大を試み、この地域の支配者たちとそれぞれが手を結んで、海岸周辺を防衛するために地域の人々を銃によって武装させた。とくに16世紀から18世紀にかけて大西洋奴隷貿易が盛んになるとともに、この地域にもたらされる銃の数も増えた。海岸地域にもたらされた銃が内陸へと広がるのは、18世紀から19世紀にかけて多様な小型武器がもたらされてからとみられる。ヨーロッパ諸国にとっては、アフリカ大陸は古くなった銃を売る市場であった。そのため、数多くの銃が奴隷や象牙と交換されたのである（Beachey 1962）。

東アフリカの沿岸部では、10世紀ごろにはアラビアとペルシアの交易が始まる。交易では、沿岸地域の住民が奴隷として輸出された。15世紀から17世紀には、沿岸部はポルトガルの支配を受ける。この頃、この地域にも銃がもたらされたとみられる。スーダンでは、16世紀後半にはマスケット銃がみられた（Fisher & Rowland 1971）。しかし、それがどのようにしてスーダンまでもたらされたのかは明らかでない。１６８２年、ダルフールの最初の支配者が銃を使用していることが記録されているが、これはエジプトからもたらされたものであった（Fisher & Rowland 1971）。エチオピアでも16世紀半ばには銃がみられたという記録が残る。

19世紀初頭のスーダン西部では、銃は戦闘を左右するほどの影響力をもつものではなかった。むしろ、戦闘に負けた方が銃を所有しているくらいであった。スーダンの支配者は、北部との接触において銃と弾薬を手に入れた。とくに、北アフリカやエジプトの支配者やヨーロッパ諸国がこの地域を訪問するに際して、銃は贈り物として持参された。

19世紀末になると、東アフリカの沿岸部はイギリス植民地政府の支配下におかれた。この頃には、銃の大半は商人によってもたらされた。それまでは銃を手に入れるのは容易ではなかったとみられる。エチオピアにおいても同様である。19世紀に入ってイギリスを中心とするヨーロッパ諸国から銃がもたらされるまで、戦闘において大きな役割を果たすことはなかった（Aregay 1980）。19世紀末、エチオピア南西部のマジには多くの銃市場があり、1855年のヨーロッパによるアフリカの分割まで、弾薬が地元通貨の代わりとして使用された（Mburu 2002）。エチオピアではヨーロッパから輸入された銃が、近代エチオピアの国家統一を促し、軍から流出する銃が交易商人を介して一般の人の手にも入るようになった。今日のケニア北部のエチオピア、スーダン、ウガンダとの国境にあたる地域には、アフリカ東部の海岸からの密猟者や、エチオピア（アビシニアン）人の鉄砲火薬の密輸入者、スワヒリやアラブの象牙・奴隷貿易商人などによって銃がもたらされた（Knighton 2003）。アフリカの東部地域において銃の保有が政治権力に影響をおよぼすようになるのは、この地域に銃の数が増えてその価格がさがるこの頃からである。アフリカ大陸へもたらされる銃が増加するとともに、その価格も次第にさがった。イギリスで19世紀から20世紀にかけて、アフリカ向けに製造されたマスケット銃の価格は、1845年には9シリングであったが、1855年には6シリング、1907年には2シリングと変化した（White 1971）。アフリカの南部や東部では、明らかに西アフリカ地域より高い値段で売られた。

20世紀の初めには、エチオピアからの銃と、スーダンからの象牙や奴隷が取引される交易の接点になり、今日のケニア、ウガンダ、エチオピア、スーダンの国境付近には小型武器が多く流入した。ウガンダ北東部のカラモジャ地方にも、アラブ、エチオピア、ギリシャ、スワヒリ商人や、イギリス、アメリカの象牙猟師が訪れ、１９０３年までには、56の象牙市場が存在するほどであった（Mkutu 2008, Chapter 3）。この地方では、象牙が武器や現金に換えられた。１９０９年には、象牙はウガンダの総輸出の10％にもおよぶほどになった。１９１０年までには、カラモジャ地方からウガンダの他の地域へ小型武器と弾薬がもたらされるようになった。象牙は銃を手に入れる重要な資源であった。この地域で猟のために小型武器が使用されるのはこの頃からである（Mkutu 2008, Chapter 3）。また、19世紀末から20世紀の初頭には、フランスがスーダン中部地域へ銃の供給を行った。この時期から東部アフリカの域内の力関係にも変化がみられ、銃を所有する部族とそうでない部族の間には、それまでとは異なる関係が構築される。たとえば、この地域で最初に銃を手に入れたヤオ族やニャムウェジ族が有力になった（Fisher & Rowland 1971）。西アフリカ地域とあわせて、歴史的にも、アフリカの角は小型武器が集まる場所であったことがわかる。

世界からアフリカの角へ

今日のアフリカの角における小型武器はどうだろうか。今日、アフリカの角へもたらされる小型武器の最大の出所は国際的な取引によるものである。他国からアフリカの角にもたらされる合法と非合法の小型武器の数や規模については正確にはわからないが、世界でもっとも多く小型武器がもたらされる地域の1つであるといわれる。アフリカの角には、国家間の合法な取引によってもたらされる小型武器に加えて、密輸、ブローカー取引、国際的な犯罪・テロ組織、敵と味方を問わず営利目的で武器を売る武器商人によってもたらされる非合法な小型武器の数も多い。こうした合法と非合法のすべてを含むと、アフリカの角へ向けては、ヨーロッパ諸国、旧ソ連諸国、中国、南アジア、中東、アメリカなどから小型武器がもたらされる。

冷戦期には、インド洋から紅海、スエズ運河に至る出口は、アメリカとヨーロッパ向けの石油タンカーのルートであり、アフリカの角はこの重要な位置に存在する。したがって、この地域をめぐって、アメリカと旧ソ連は激しい覇権争いを繰り広げた。1960年代末、ソマリアの港は旧ソ連の艦船の重要な拠点になった。ソ連は見返りに軍事支援を行い、ＡＫやロケット砲などの兵器をソマリアに流した。その後の１９７７年に、エチオピアとソマリアの国境地域のオガデン地方をめぐる紛争が勃発すると、エチオピアは東側諸国から、ソマリアはアメリカへ近づき西側諸国から小型武器を購入した。エチオピアでは１９７４年、革命勢力により帝政が倒されると社会主義へと体制を変え、東側陣営の影響下で、旧ソ連で開発された自動小銃を使用するようになった。これに対してアメリカがソマリアへの武器の供給を行った。東西対立の激しかった１９６０年代から１９７０年代にかけて、この地域には大量の小型武器が流入した。冷戦期にもたらされた小型武器が冷戦後もこの地域にとどまり、スーダン、ウガンダ、ソマリアなどの武力紛争において使用されたことは想像に難くない。

冷戦期には、アメリカと旧ソ連以外からもたらされた小型武器の数も多い。ヨーロッパ連合（ＥＵ）加盟諸国からアフリカの角諸国へ合法に輸出される小型武器だけで、１９８５年には年間輸出額で約７００億円に値するほどであった。冷戦の終結後の１９９５年では、その額は大きく減ったが、それでも約5千万円に値するほどにおよんだ（Whitehead 2003）[1]。近年でも、ヨーロッパ諸国からアフリカの角へもたらされる小型武器は多い。たとえばチェコからエチオピアに輸出された小型武器の年間輸出額は、２００５年は約８千万円、２００６年は約1億円、２００８年は約2億円に値する。スペインからケニアに向けては、２００５年から２００８年にかけて１７００万円に相当する小型武器が輸出された（AEFJN 2010）。これらはいずれも合法に取引される小型武器である。

冷戦後のアフリカの角において、小型武器をめぐる状況は2つの問題を露呈した。1つは、冷戦期にもたらされた武器が蓄積され、地域に広まったことである。冷戦期、アフリカの角にもたらされた小型武器はそれほど注目を集めなかったが、この地域にみられた武力紛争のもとでゆっくりではあるが、確実にその数を増やした。これらの小型武器は、冷戦後もソマリア、エリトリア、スーダンなどで継続する紛争に加担した。冷戦後、ソマリアだけでも数百万もの小型武器が存在するとみられた。ケニアの北東部でも、2世帯に1つは小型武器があり、病院で診察される患者の60％が銃による負傷であった（Quaker United Nations Office 2003）。ケニアとウガンダでは、それぞれ百万もの余剰な小型武器があるとみられ、限られた国家の資源が武器に費やされたことは明らかだった。余剰な小型武器が人々の手に入るようになると、主要な武力紛争ばかりでなく、小規模な部族間の対立や家畜の略奪攻撃においても頻繁にみられるようになった。

2つ目の問題は、冷戦終結後、新たな武器のルートとして、東欧および旧ソ連諸国からアフリカの角へ小型武器と弾薬がもたらされたことである。冷戦期に製造された多くの小型武器は、東欧と旧ソ連諸国において余剰な武器として溢れた。冷戦後のアンゴラ、大湖地域、西アフリカなどの武力紛争地域は、東欧や旧ソ連諸国にとって魅力的な市場となったのである。ブルガリア、ポーランド、ルーマニアなどの東欧諸国とウクライナなどの旧ソ連諸国は、余剰な中古武器をアフリカの角へ売ることによって外貨を獲得して歳入を得た。それればかりでなくこれらの国は、新しく製造した小型武器もアフリカ諸国へ輸出したのである（Berman 2007）。

アフリカ大陸への入口

非合法にもたらされる小型武器はどうであろうか。1970年代にアフリカの角でみられた武力紛争は、明らかにこの地域にもたらされる非合法な取引による小型武器の数を増やした。自動小銃の非合法な取引は、冷戦のまっただなかの1970年代がもっとも活発であった。

今日、非合法にもたらされる小型武器がどのくらいの規模であるかについては、合法にもたらされる規模よりもさらに不透明である。非合法にもたらされる小型武器については、ある事件や事故がきっかけで明らかになる情報に基づいてその規模を予測するしかない。そのような例をいくつか挙げて、アフリカの角へ非合法にもたらされる小型武器と、この地域の特徴について考えてみよう。

２００９年９月、ソマリアの海賊が武器類を積載したウクライナの貨物船を乗っ取り、身代金を要求した。この船は、ロシア製の戦車や対空システムなどの兵器類を運ぶ途中であった。公開された積荷目録は武器の契約書で、荷受はケニア国務省であったが、最終目的地は南スーダンであるとみられた（ＡＰＦ通信、２００８年10月８日）。これによってウクライナが今日、武器輸出大国の１つであることが証明されただけでなく、このような最終目的地が明確でない武器を積載した貨物船が数多くこの地域を行き来し、この地域から兵器や小型武器が武器禁輸措置のとられる武力紛争地域へもたらされることが明らかになった。[2] ２００５年から２００９年の期間だけでも、アフリカの角の７カ国のうち、エリトリア、スーダンの一部およびソマリアは、国連の決議で武器の輸出を禁止する措置がとられた国および地域（いわゆる国連武器禁輸国）であった。それにもかかわらず、複数のヨーロッパ諸国がこれらの国へ武器を輸出していたのである（AEFJN 2010）。これらの武器禁輸国ばかりでなく、その周辺国へ輸出される小型武器であっても、最終的にどの国へ移転されるのか明確でなければならない。たとえばヨーロッパからチャドへ輸出される武器は、しばしば、スーダンの紛争地域であるダルフールで使用される。２００９年、あるヨーロッパの国は、最終目的地が南スーダンであることに予想がつきながらケニアへ戦車を輸出した。武器の取引には「最終使用者証明書」が必要である。この証明書なしには、どの国の政府も積み出しや空港・港湾からの輸出を認めない。さらに、この証明書の名義は個人ではなく、国の軍や警察などの国家機関でなければならない。つまり、背後に国家の存在がなければ、個人で行える密輸や非合法取引の武器の量は非常に限られるのである。

国連が行った調査によると、武器禁輸措置にもかかわらず、１９９７年から１９９８年の間に、武器商人を介して、ブルガリアからアフリカの角に隣接する大湖地域へ、およそ14億円に値する小型武器が違法に移転された（UNSC 2000）。２０１０年にも、南アフリカでソマリアへ移送されるはずであった非合法な武器が押収された（２０１０年12月）。別の調査では、小型武器がパキスタンからホルムズ海峡をぬけてソマリアに入る非合法な武器のルートが存在することが明らかになった。

小型武器の国際的な移転に関連して、インド洋から紅海へ抜ける海岸に面しているアフリカの角が重要なのは、この地域がアフリカ大陸にもたらされる合法および非合法な小型武器の入り口の1つであることがある。つまり、アフリカの角がおかれた地理的条件は、この地域に小型武器が大量に流入する1つの重要な要因である。先の章でも述べたが、現在では国際的な武器の移転のほとんどは合法に行われる。他の地域からアフリカの角へ入る小型武器の移転は、航空機と船舶によるところが大きい。アフリカの角は商船の通行がさかんな海洋に面している。このことは、この地域への小型武器の流入に大きく影響する。ケニアのモンバサやタンザニアのダラエサラムの港はすでに知られるところであるが、ジブチはジブチ港を整備して、今日ではエチオピアの海上貿易のほとんどを担う中継貿易国となった。これらの港湾は、アフリカへ移転される武器の入り口である。

これらの港湾を通して小型武器が流入することは必ずしも問題ではない。しかし、合法な移転が行われる場合に武器の入り口となる地域に、非合法な武器として闇市場に流れる小型武器が少ないわけはない。今日、世界に広まった非合法な小型武器の約60％は、もともと合法なものである。合法に取引される小型武器の移転にあたり、船舶の停泊、通過や積み換えの際に非合法市場へ流出する。港湾周辺では、停泊する船舶や積み替えを行う船舶を狙う民兵や武装組織は多い。ケニアのように小型武器の移転の入口および通過となる国では、港湾および陸路において、もともと合法な小型武器であっても、それらが非合法市場へ流れる危険は高いのである。

崩壊した国家が小型武器を呼ぶ

非合法な小型武器の入口となるアフリカの角の問題は、ソマリアの状況とは切っても切れない関係である。ソマリアは、1980年にモハメド・シアド・バーレ政権の樹立後、1982年には反政府武装勢力との闘争に陥り、内戦状態になった。1991年のバーレ政権の崩壊後、ソマリアは事実上、全土を実効支配する政府が存在しない。エチオピアの支援を受けた暫定政府が首都を制圧したが、内戦状態が続いている。冷戦期にもたらされた小型武器は、1991年の政府崩壊後、ジブチ、エチオピア、ケニアなどの周辺国へ流出した。国境に送られていたソマリア人兵士が、食糧や宿を得るために小型武器を売って生きのびた（Gebre-Wold & Masson 2002）。冷戦からその終焉まで、ソマリアだけでなく、周辺国にも多数の小型武器が広まった。しかし、冷戦後、状況はさらに深刻になる。1992年から国連による全面武器禁輸措置がとられるが、内戦状態にあるソマリアは、小型武器を密輸するには格好の場所と化した。世界中からソマリアへの密輸ルートが生みだされた。20年以上におよぶ内戦によって、今日では、密輸ルートはすっかり定着した。ソマリアでは、密輸ルートで得た小型武器を携えた民兵がソマリア沖の海賊産業を支える。もちろんソマリア国内の小型武器も、こうしたルートでもたらされたものである。規制が行われないソマリアは、犯罪組織や武器商人を介した流入を促進する。

このようなソマリアは、単なる内戦国とは異なる。ソマリアは、今日では「崩壊国家」と呼ばれるようになった。国際的には、1つの国家として認められているが、国家に必要とされる意思決定を行える組織は存在せず、主権に基づく権威を失った状態である。また、国民を統合する象徴となるべきものも喪失しており、全土にわたる統治は行われない。国内の治安の維持はもちろん、医療や教育といった行政サービス、政治に参加する自由や権利は提供されない。肝要なのは、崩壊国家においては統治が行われないことである。

統治が行われないところでは当然、規制や法律も存在せず、犯罪が増加して、日常生活

地図　ソマリランド

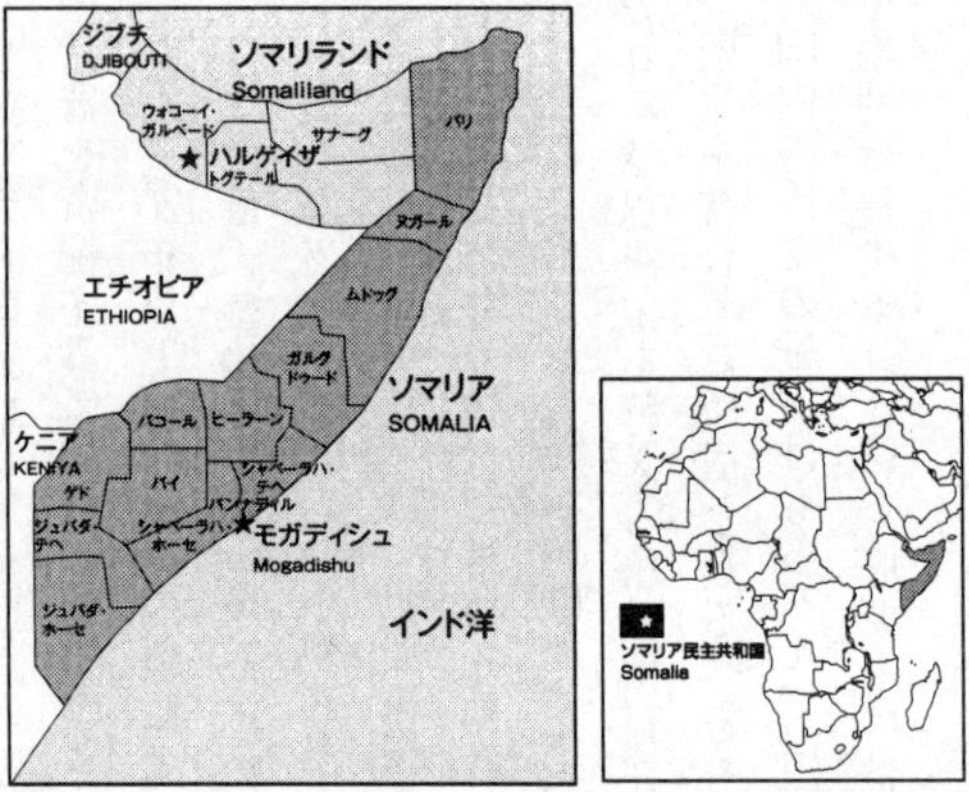

出所：University of Texas Libraries,
<http://e-food.jp/map/nation/somalia.html>（02/03/2012）

が困難になる。最悪の場合には至るところで戦闘が行われ、内戦に陥る。内戦は統治が行われない状態においてみられる1つの現象であるが、ソマリアは単なる内戦国ではない。アフリカ大陸では長期にわたる内戦を経験した国は少なくない。大虐殺を経験したルワンダや、ウガンダの内戦は記憶に新しい。これらの国はソマリアとは異なり、崩壊国家というレッテルはない。内戦国では、決定される意思やその実行内容が問題であれ、何らかの意思決定が行われる。また強権的であれ、実態として統治が行われる。つまりすべてが必ずしも野放しではない。しかし、統治が行われない、つまり国家が崩壊すると、まったくの無法地

帯となる。合法も非合法もない。したがって、小型武器がソマリアへ入ることも、ソマリアから流出することも、何ら止めるものはない。また、実効的な政府が不在であるため、もちろん国内においても、小型武器の規制や管理は行われない。小型武器の問題ばかりでなく、犯罪も野放しであり、武装グループやテロ組織の活動も自由に行われる。

統治が重要なことは、公式にはソマリアの一部の地域であるソマリア北西部のソマリランドの現状と比較すると明らかである（地図）。ソマリランドでは、1991年のバーレ政権崩壊後、「ソマリランド共和国」として独立宣言をして初代の大統領をおいた。独自の政府をもち、政府機関や警察などをもち、行政および社会サービスを提供する。独自の通貨を使用して経済活動が行われるなど、比較的安定を保つ地域である。しかし、ソマリランドは国際的には国家として認められていない。ソマリアの状況とは反対に、ソマリランドではある種の統治が行われているが、国際的には国家ではない。ソマリランドのように統治が行われる地域では何らかの統制がとられる。すべてが野放しになることはない。

今日のソマリアでは、すべてを決定するのは暴力である。したがって、至るところで戦闘がみられる。このような状況において、小型武器はなくてはならないものになった。実際、ソマリア内では、小型武器の取引は生活のための手段であり、多くの人にとって、

コラム COLUMN 映画『ブラックホーク・ダウン (Black Hawk Down)』

『ブラックホーク・ダウン』は，2001年にアメリカで製作された映画のタイトル。「ブラックホーク」は，アメリカ軍の多用途ヘリコプターである「MH-61L ブラックホーク」からきている。この映画は，アメリカ軍を中心とする多国籍軍が1993年にソマリアで抵抗勢力と戦った市街戦「モガディシュの戦闘」を描いたもの。アメリカ軍の作戦では1時間足らずで終了するとみられていたが，アメリカ陸軍レンジャー部隊が，モガディシュ上空を２機の「ブラックホーク」で旋回中，ソマリアの抵抗勢力の軽兵器（ロケット榴弾）による攻撃で撃墜される。レンジャー部隊はモガディシュに放り出され，仲間を救出するためアメリカ軍の地上部隊も駆けつけて地上戦を展開する。

日々の生計を立てる手段であるといわれる（Gebre-Wold & Masson 2002）。長期にわたる戦闘状況が暴力を是とする社会をつくり上げた。ソマリアに対する暴力による国際的な介入も、そのような社会をつくることに貢献したのかもしれない。実効的な統治が存在しない状況は、小型武器の蔓延を感じさせず、小型武器がただ歴然とそこに存在するものと化してしまう。このソマリアが、商船の通行が多い海洋に面していることの意味は大きい。合法および非合法の武器の入口となるアフリカの角が、世界でもっとも小型武器が多い地域の１つとなることは決して不思議なことではない。

国際的犯罪・テロ組織が活動する地域

世界からアフリカの角へ向けて小型武器がもたらされるもう1つの要因は、この地域における国際的な犯罪組織やテロ組織のネットワークの存在とその活動である。1998年のケニアとタンザニアのアメリカ大使館爆破事件、2002年のケニア、モンバサのホテル爆破事件などに象徴されるように、アフリカの角における国際テロ組織の活動は、これまで頻繁にテレビや新聞のニュースでも取り上げられた。2002年の爆破事件でアメリカ連邦捜査局（FBI）に指名手配されたケニア人の容疑者は、国際テロ組織アルカイダの工作員としてテロ容疑者のリストに掲載された。アルカイダがソマリアに訓練キャンプを設置して多くの戦士を訓練するなど、この地域と国際テロ組織との関連は知られるところとなった。ソマリアをはじめとしてアフリカの角は、国際テロ組織アルカイダの拠点の1つとされる。

国際的に繰り広げられる「対テロ戦争」のもと、ソマリア周辺とアフガニスタンの間のテロ勢力が海上移動をする可能性があることから、アメリカを中心とする多国籍部隊が、アラビア海からインド洋における武器、弾薬、麻薬などの海上輸送を阻止する「海上阻止作戦」を実施した。日本の防衛省も特別措置法のもとで、これに参加する戦艦への給油を行った。[3] 最近では、ソマリアを拠点とするイスラム過激派シャバブは、国際テロ組織アルカイダへの合流を宣言した（２０１２年２月）。さらにケニア南部には、この過激派が戦士を集める町がある（朝日新聞２０１２年４月２日）。アルカイダとアフリカの角との関連は疑いのないところである。

アフリカの角は麻薬組織との関連も深い。ケニア、エチオピア、ソマリアなどでは、チャットと呼ばれる麻薬の一種の栽培が行われ、外貨獲得の手段となる。[4] このチャットは、エチオピアでは合法である。ソマリアでも流通しており、海賊の身代金の一部がこのチャットによって支払われることがある。戦闘に出るとき、これを使って恐怖心の抑制と高揚を図るため、犯罪組織がこの地域で取引を行う。国際テロ組織にとって武器や弾薬の購入のための資金源となるのが、こうした麻薬であることが明らかになった。

アフリカの角が、国際的に活動するテロ組織、麻薬組織、犯罪組織の活動拠点の１つであることは疑うところはない。こうした国際的な犯罪・テロ組織の存在は、世界からアフリカの角へ向けた小型武器の移転を２つの側面から促す。１つは、これらの組織はこの地域における非合法な小型武器の拡散と売り上げを助長する。犯罪・テロ組織のルートによってアフリカの角へ小型武器がもたらされ、テロや犯罪行為において使用されるのはもちろん、そのための訓練、新たなメンバーの雇用などの行為にも使用される。犯罪・テロ組織の存在は、地域へもたらされる小型武器のルートを増やすとともに、地域における拡散も助長する。２つ目は、これらの組織の存在が人々に武装の必要性を感じさせる。犯罪とテロによる暴力が横行する社会において、一般の人々も自衛を目的として小型武器を購入することを考える。ジブチで、アメリカ、フランス、ドイツの軍が、反テロ司令所を設立してテロに対抗するなど、社会全体が軍事化するのはそのような例である（Jelineck 2002）。

小型武器の拡散を支える紛争、紛争を支える小型武器

先に紹介した国際的な取引や、ソマリアの状況からもわかるように、アフリカの角における小型武器の拡散ともっとも関連が深いのは、武力紛争の問題である。武力紛争が生じると、その国や地域には小型武器が大量にもたらされる。戦闘の最前線で戦う兵士にとってもっとも重要な兵器であることを考えると、武力紛争が小型武器をもたらすことはそれ

ほど驚くべきことではない。規模の小さいものも含めると、アフリカの角の各国はいずれも武力紛争を抱える。国際的な取引や犯罪・テロ組織、武器商人などによってアフリカの角へもたらされた小型武器は、武力紛争地を中心に拡散する。

冷戦期にアフリカの角でみられた武力紛争は、先に挙げたオガデン戦争をはじめ、エリトリアの分離独立運動、ウガンダとタンザニアの国境紛争、ウガンダおよびスーダン内戦など、多数にのぼる。ソマリア周辺では、冷戦下の東西陣営からもたらされる小型武器が流入した。他方、1972年のウガンダとタンザニアの国境をめぐる紛争と、それに続く1978年のタンザニア領（カゲラ地域）の併合を目的とした侵攻に際してウガンダは、中国、イギリス、旧ソ連とアメリカから武器を購入した。1975年から1978年には、リビア、旧ソ連、アメリカ、スイス、イラクなどから武器を受け入れた（Brozska & Peason 1994）。1980年からは、国民抵抗軍とウガンダ民族解放戦線の間で内戦状態となる。この時期を通して、ウガンダからケニア北部へ小型武器が流出した（Mkutu 2008, Chapter 3）。ウガンダの反政府武装勢力である「神の抵抗軍」は1987年に結成され、コンゴ民主共和国東部、ウガンダの北部地域と南スーダンの一部で活動しており、今日でも依然として殺害行為や襲撃などを行う。スーダンも共和国として独立した1956年以降、平和な時期はわずか11年ほどしかなく、その歴史のほとんどは内戦状態であった。エチオピアやウガンダから小型武器がスーダンへもたらされる一方で、スーダンから隣国の武装勢力へ流出した。今日でも、スーダンに合法および非合法にもたらされる数は多い。中国との取引による小型武器、武器商人によってもたらされる小型武器、ソマリアからケニアを経由してもたらされる密輸による小型武器などである。こうして、アフリカの角へもたらされた小型武器が地域内で広まることになる。

1993年のエリトリア独立により、多くの兵士が自動小銃を売ったために、アフリカの角では、市場で容易に手に入れられるようになった。冷戦後アフリカの角では、継続するスーダン内戦、内戦状態に陥ったソマリア、コンゴ民主共和国の紛争ともかかわるウガンダ北部の紛争が、小型武器によってより激化し、長期化の様相を呈した。また、1998年に勃発したエチオピアとエリトリアの国境紛争においても、両国は大量の資金を使って小型武器を購入した（Whitehead 2003）。このような状況に拍車をかけたのが、先にも述べた東欧および旧ソ連諸国からもたらされた小型武器である。武力紛争が小型武器を流入させ、小型武器が武力紛争を激化および長期化させるという悪循環に陥ったのである。

さらに、近隣地域における武力紛争も忘れてはならない。とくに関連が深いのは大湖地域の武力紛争である。大湖地域のルワンダおよびブルンジは、いずれも1990年代に大規模な武力紛争を経験した。コンゴ民主共和国は、今日まで継続する武力紛争を抱える。この地域の武装勢力は、複数の国にわたって活動することから、これらの武力紛争によって大湖地域に流入した小型武器がアフリカの角へ流れる。また逆に、アフリカの角から大湖地域へと流出するのである。この2つの地域が抱える武力紛争の数と規模を考えると、大量の小型武器が両地域に流入するのは想像に難くない。

アフリカの角における小型武器の流入は、冷戦期と冷戦直後の2つの時期に、国際的な取引によって膨大な数がもたらされ、これが冷戦後から今日までアフリカの角と大湖地域の武力紛争国へと移動したのである。そして武力紛争もまた、こうした小型武器の流入と循環を支えるものである。冷戦の終焉から20年あまり経った今日、小型武器はあまりにも広く行きわたった。これまであまり注目されなかった部族間の比較的小規模な紛争においても使用されるようになった。冷戦期や冷戦直後とは様相の異なる問題へと発展しているのである。

（避）難民と小型武器

武力紛争とも関連が深いが、アフリカの角と大湖地域は多くの難民と避難民を抱える地域である。内戦、国家間紛争、権威主義体制、人権侵害、反政府活動などは、いずれも難民や避難民をもたらす原因である。つまり、難民や避難民が多いのは、この地域および隣接する大湖地域における政治状況を反映するものである。これに加えて、飢饉や旱魃などの天災も避難民をもたらす原因となるが、その過程では政府による対応のまずさがある。こうした難民や避難民と、アフリカの角で拡散する小型武器の関連も深い。

ウガンダでは内戦が長期にわたるため、民兵から地元を追われてキャンプに身を寄せる国内避難民に加えて、スーダンの内戦から逃れてきた難民、コンゴ民主共和国の東部の治安悪化によって流出した難民など、ウガンダ国内には難民と避難民が多く存在する。国連難民高等弁務官事務所の見積もりによると、国内避難民だけでも一時は４００万人にもおよんだ（UNHCR 2006）。ケニアも同様に、ソマリアやスーダン、エチオピア、エリトリアなど武力紛争が続いた周辺国から多数の難民が流入した。ソマリア近くのダダーブ難民キャンプでは47万人、スーダン国境沿いのカクマ難民キャンプで8万5千人、ナイロビの都市部でも5万人以上が避難生活をおくる（UNHCR 2006）。ソマリアでは継続する武力紛争に加えて、この60年で最悪といわれる大干ばつが重なり、多くの人々がソマリアを離れて難民になった。

こうして国境を越える難民および国内避難民と小型武器との関連は、2つの状況に示される。1つは、難民や避難民が移動に際して小型武器を所持することがあり、難民の場合、その国境を超えた移動を促す。アフリカの角とその周辺国では、武力紛争前から小型武器が氾濫しており、軍も民兵も襲撃によって小型武器を得たり、市場で買うことができた。難民が小型武器をもって移動することは少なくない。家もすべての財産も奪われたはずの難民であるが、自らの安全を守る目的もあって所有することは珍しくない。難民が非合法な小型武器の移転に貢献していることもあるのである（Mogire 2002）。

もう1つは、難民キャンプが小型武器の取引などに利用されることである。難民は受入国にとっては負担であることから、（避）難民キャンプであっても、十分な保護や警備が提供されない。こうした状況から、武装グループや民兵、犯罪グループが、難民キャンプをさまざまな形で利用する。たとえばスーダンでは、避難民のキャンプが武装勢力によって襲撃のための訓練基地として使用され、難民への人道支援品を収入源にして活動を行ったり、難民や避難民から戦闘員を雇用したりする。また、武力紛争の混乱ともあいまって、難民キャンプを小型武器の取引場所として利用する（Khan 2008）。警察などによって保護されない難民キャンプは、武装グループの格好の餌食となるのである。

アフリカの角の（避）難民キャンプでは、キャンプ内でもその周辺でも小型武器を得ることは難しくない。スーダンの避難民キャンプでは、小型武器は政府、民兵、武装グループに行きわたっている。長期化する混乱状況のなかで、多くの小型武器が自衛のために一般市民によって結成された組織（自警団）の手にもわたる。（避）難民キャンプの存在が周辺地域を武装化させるのである。武力紛争という状況において、小型武器は（避）難民を生みだすことを助長するものであるが、そこで生みだされた（避）難民と（避）難民キャンプが小型武器を広めることに貢献するという皮肉な状況が生まれる。アフリカの角と大湖地域で生じる（避）難民の規模を考えると、この地域における小型武器の拡散に与える影響は小さくない。

アフリカでつくられる小型武器

アフリカ大陸に大量の小型武器が外部からもたらされたことは現在もその歴史においても共通しているが、アフリカにおいて製造がまったく行われていないわけではない。今日、世界に存在する1200社以上の小型武器製造会社のうち、アフリカ大陸に存在するのはその3%程度とみられる（Berman 2007）。しかし、アフリカの3分の1の国は小型武器もしくは弾薬を商業規模で製造したことがあるか、もしくは現在製造している。ほとんどの国はそうした事実を公にしないことから、アフリカ諸国のほとんどが公式な報告書などで製造国として現れない。

現在、少なくともアフリカ大陸の11カ国において弾薬、5カ国において小型武器、2カ国において軽兵器が商業規模で製造されている（図表2―1）。犯罪や武力紛争に使用される小型武器とかかわりが深いクラフト製造を含むと、製造国の数は大きく膨らむ。クラフト製造がさかんなガーナでは、国内の10の地域で製造を行う。近年では、小型武器のなかでも耐久性のあるカラシニコフ銃（AK－47）を年間5万から20万丁ほど製造していることが報告されている（Aning 2005：83）。ガーナとその周辺国では、武装集団はこうしたクラフト製造の武器を使用する。西アフリカ地域では、ベニン、トーゴ、セネガルなどを含め、小規模ではあるが、性能があまりよくない武器を商業規模で製造する。このような状況が報告されるのは西アフリカ地域だけであるが、同様なことはアフリカ大陸の他の地域でもみられるであろうことは想像に難くない。

図表2－1　アフリカにおける小火器，軽兵器，弾薬の製造

（1997 － 2006）

国	小火器	軽兵器	弾　薬
アルジェリア	○		
ブルキナファソ			●
カメルーン			●
コンゴ			◎
エジプト	●	●	●
エチオピア			●
ギニア			◎
ケニア			●
リビア	◎		
モロッコ	●		
ナミビア			○
ナイジェリア	●		●
南アフリカ	●	●	●
スーダン	○		●
タンザニア			●
ウガンダ			●
ジンバブエ	●		●

●　製造が行われている
○　製造が行われているか不明
◎　不明
出所：Berman（2007），p.9.

アフリカの角には、小型武器を商業規模で製造する会社は存在しない。しかし、ケニア、スーダン、ウガンダにおいては弾薬の製造が行われている（図表2―1）。またスーダンには、小型武器そのものを製造するのではないが、ライセンスを受けて部品を輸入してライフル銃の組み立てを行う施設は存在する。つまりアフリカの角に蔓延する小型武器のほとんどは、小型武器そのものとして、もしくは部品として輸入されたものである。部品を輸入して組み立てる施設やクラフトによって製造される小型武器の数は、世界全体の数からすると非常に限られることを考えると、アフリカの角に存在する小型武器のほとんどは、この地域で製造されるものよりも輸入によるものである。

アフリカ大陸における小型武器の製造はそれほど活発ではなく、製造と輸出を行うようになったインドや中国の状況とは異なる。ヨーロッパから銃がもたらされて以降、広く一般に行きわたる前から、アフリカ大陸においても火薬がつくられるようになった。その後、銃の修理は可能になったが、製造は非常に限られた。また弾薬を手に入れることも難しかった。アフリカ大陸における技術的な限界が、小型武器の製造が積極的に行われなかった理由の1つである。しかしそれだけではなく、小型武器の製造が発展するのは、安価に手に入らない地域や国であろう。つまりアフリカの多くの国では、合法もしくは非合法にもたらされる小型武器が安価で取引される。このことが商業規模の製造を抑制していると考えられる。アフリカの角のように合法および非合法にもたらされる数が多い地域では、小型武器の製造が行われないのは納得できる話である。

隠れた脅威

アフリカの角において小型武器は広く使用されることになったが、その使用において重要な弾薬についてはあまり注目されなかった。一般に、小型武器を製造する会社と弾薬を製造する会社は異なる。アフリカの角では弾薬の製造を行う会社が存在するように、小型武器と弾薬は必ずしも同じ会社で製造されるものではない。むしろ異なる市場戦略を必要とする。弾薬の種類はさまざまであり、どの種類の弾薬が手に入るかによってどの小型武器を使用するかが決定される。また武力紛争においては、どの弾薬がどのくらい手に入るかによって、どの小型武器をどのように使用するかが決まるほどである。弾薬が多く手に入らない場合は注意深く敵を定め、もっとも脅威であると考えられる人物に対して使用されるからである。

アフリカの角では19世紀末ごろ、小型武器が一般に使用されるにあたっては弾薬が手に入るかどうかが重要であった。それまでアフリカの角で小型武器が広く使用されなかった理由の1つは、弾薬を手に入れることが難しかったからである。弾薬の入手が可能になることは、小型武器が一般に広く使用される条件である。それほど弾薬を入手できるかどうかは重要なのである。このことは今日も変わらない。

国連の調査では、多くの国は弾薬の製造量や製造プラントの数を公表することを好まない。先進国の製造会社とのライセンス契約のもとで途上国において製造される弾薬が、最終的にどこに移転されるのかは大きな問題である。とくに紛争地域の周辺国で製造される弾薬は、それが最終的にどこに移転されるのかについて明らかでないことが多い。ケニアのエルドレットで製造される弾薬は、まさにそうした例である。

今日、アフリカの角で使用される弾薬は、地域で製造される弾薬ばかりでなく、他の地域からもたらされたものも多い。たとえばケニアでは、アフリカの角で製造されたものよりも、中国、ブルガリア、ロシア、チェコ、イラン、ルーマニアなどのものが広く使用される（Bevan 2008）。小型武器の製造会社に比べると、弾薬の製造会社は数が少ないことからその出所は判別しやすい。しかし、製造にあたり、製造会社や製造時期がロット番号として刻印されるが、アフリカの角では、刻印がなく不明な弾薬も多くみつかる。弾薬は小型武器と同じようにクラフトによる製造も可能であるが、どのくらい製造されているかは明らかでない。

弾薬の製造や移転については、小型武器の製造や移転を規制する動きにおいてそれほど重視されなかったが、近年では、小型武器と同様、規制の対象になる。しかし、小型武器に比較すると、弾薬に関する認識と管理は十分でなく、国際的な移転において明らかにされないことも多い。弾薬について十分な監視を行うのが難しいこともある。アフリカの角では、今日でも通貨の代わりとして使用される地域がある（Mkutu 2008）。弾薬が社会に広まることが、小型武器のように脅威としてはっきり認識されることは少ない。しかし、それは隠れた脅威なのである。

アフリカの角と小型武器

本章では、アフリカの角において、小型武器がどのようにもたらされたのかについて概観した。アフリカの角の小型武器の数は、冷戦期と冷戦後の二度の国際的な移転の波のもとで急増した。ほとんどがアフリカ大陸の外で製造されることを考えると、この国際的な移転が今日のアフリカの角の膨大な数の小型武器の最大の原因であることは明らかである。この国際的な移転には合法なものと非合法なものが含まれるが、いずれの場合も、アフリカの角へは大量の小型武器がもたらされた。

それではアフリカの角のどのような特徴が、国際的に行われる移転を促したのであろうか。本章で明らかになったように、この地域に小型武器が大量にもたらされた理由の1つは、武力紛争である。冷戦期と冷戦後のいずれの時期においても、アフリカの角には国家間および国内紛争が存在した。そうした武力紛争国へ向けて大量に小型武器が移転された。今日でもスーダン、ソマリア、ウガンダ北部などで継続する紛争は、小型武器の流入の原因である。これらに加えて、国境地域で繰り返される小規模な紛争を含めると、この地域における需要の高さが説明される。小型武器のアフリカの角への大量流入は、この地域の武力紛争によるところが大きい。

2つ目の理由は、アフリカの角がおかれた地理的条件である。通商が盛んな海洋に面した地域であり、冷戦期には東西両陣営の戦略地であったことが合法な小型武器の移転を増加させた。また、この地理的条件は非合法な小型武器の移転にとっても好環境であった。とくに、国家が崩壊したソマリアの存在は、密輸、武器商人による取引、ブローカー取引に貢献した。国家が崩壊したソマリアは、アフリカの角への非合法な小型武器の制限のない供給をもたらした。アフリカの角がおかれた地理的条件は、ソマリアの状況ともあいまって、小型武器の国際的な流入に貢献したといえる。

アフリカの角の内部では、こうして国際的な移転によって流入した小型武器が拡散するのに十分な環境が整う。この地域に数多くみられる武力紛争、膨大な数の（避）難民、緩い国境などである。小型武器は、アフリカの角でみられる国内および国家間紛争地域を中心に、その周辺国へも広まった。武力紛争によって生じる（避）難民の流出とあいまって、小型武器の拡散にとって最良の環境を提供する。アフリカ大陸のほとんどの国にとって、国境管理は非常に難題である。長い国境と、国境地域の地理的条件も管理を困難にする。ケニアを訪れた際、国境管理の難しさは何度も耳にすることであり、訪問した地方でもそのことは十分感じた。非合法に国境を越える武装グループ、小型武器、（避）難民、牧畜を中心として国境地域を移動する部族などは、事実上、コントロールすることは難しい。

このようなアフリカの角へ流入する小型武器と、それが地域内で制限なく広まる状況を考えると、アフリカの角は、各国内においてはミクロなレベルで小型武器を誘引する要因があると考えられる。アフリカ大陸には、冷戦期も冷戦後も大量の小型武器がもたらされた。しかし、すべてのアフリカ諸国において同等に広まったのではない。小型武器が広まる地域や国には、それらを引き寄せる内的な要因も存在するはずである。小型武器の流入を説明する最大の要因である武力紛争を支える構造的問題も、その拡散を支えるものと考えられる。このことの本当の意味を考えるには、アフリカの角に暮らす人々の観点から小型武器について考えなければならない。続く章では、ミクロなレベルからアフリカの角で小型武器が広まる問題について探ってみよう。

註

（1）ユーロ107円で計算した額である。

（2）ストックホルム国際平和研究所によると、ウクライナは2003年〜2007年の5年間、常に武器輸出で世界トップ10に入った。

（3）テロ対策海上阻止活動に対する補給支援活動の実施に関する特別措置法（新テロ法、もしくは補給支援特別法）は、2008年施行された時限立法。

（4）チャットは新芽の葉を噛むことで高揚感が得られるもので、アフリカ東岸のほかアラビア半島においても生息する。酒の代わりの嗜好品として需要がある。日本では麻薬に含まれるが、毒性が低いことから規制の対象ではない。

第3章　小型武器が変える暮らし、暮らしが変える小型武器

２０１１年にケニアを訪れたとき、よく耳にしたのは、治安が悪くなったということだった。ケニア政府の安全保障担当官の１人も、ケニアではギャングや民兵などのために暴力や殺傷事件が増えたことを懸念していた。その理由をたどるべく、小型武器の問題と近年の変化を探ってみた。もちろん小型武器はその理由の１つだった。多くの人が２００７年の大統領選挙後の暴動の影響と、その前から存在した土地をめぐって民族間にもたらされた対立と小型武器の氾濫が、今日の治安の悪化の要因であると考えるようだった。

１９９０年代、アフリカの角では、スーダンやコンゴ民主共和国などの武力紛争に加え、メディアに報道されることが少ない、首都から離れた地域の民族内や民族間の対立においても小型武器、とくに自動小銃が使われるようになった。ケニアでは、新聞報道でも「小型武器は国家問題である」と報道されるほど深刻な状況だった（Kenya Times, ２００５

年4月22日、Daily Nation, 2005年4月22日)。1990年代を通して、より多くの紛争を経験したアフリカの角だったが、小型武器は確実に広まった。大規模な武力紛争で使われる小型武器はもちろん、小規模な紛争や都市でみられる犯罪行為においても小型武器が使用されるのである。本章では、アフリカの角にもたらされた小型武器が、人々によって使用されることになった背景を探る。より人々の生活に近づいた小型武器は、人々の日常とどのようなかかわりをもっているのだろうか。

変容する小型武器の役割

もともとアフリカ大陸における小型武器の役割は、非常に多様であった。アフリカ大陸で小型武器が確認された16世紀ごろから、より一般に広まる19世紀末ごろまで、小型武器は戦闘において必ずしも積極的に使用されるものではなかった。戦闘を左右するほどの影響力をもつようになるのは、19世紀末以降のことである。それまでの時期において、銃が使用されなかったのではない。戦闘の勝利に作用するほどの効果をもたなかった。小型武器が戦闘において使用されても、その勝敗やその後の社会関係に大きな変化をもたらさなかったのである。たとえばスーダン中部では、16世紀から17世紀にかけて銃は珍重され、人々が注目するものだった。しかし、戦闘における銃の使用はそれほど一般的ではなかった。使用されても、その評判はそれほど良くなかったことから、銃への関心も次第に薄れていった。銃の製造や修理が可能な場所からスーダン中部まではかなりの距離があったため、その維持や修理には費用がかかった。また、弾薬も高価で手に入れるのは容易ではなかった。銃の使用にはある程度の訓練が必要であるが、その訓練を行える人がほとんどいなかったことも銃への関心が薄れた理由だった。十分に手入れや維持をされない銃は、しばしば敵ではなく自分に被害をもたらした。こうして銃はそれほど価値があるものではないという見方が広まった（Aregay 1971）。また、銃が手に入りやすくなったあとも、戦闘において小型武器の使用を好まない部族もあった。19世紀終わりごろになると、スーダンでは銃は手に入れやすいものとなったが、戦闘において大きな影響を与えることはなかった。

それでは、戦闘において使用されるまでは、どのような目的で使われて、どのような役割を果たしていたのだろうか。アフリカ大陸の西部でも東部でも、銃は戦闘よりも農耕のために使用されることが一般的だった。アフリカ大陸のほとんどの地域では、耕作を行うのは女性の役割であり、男性は猟と土地の開拓を行った。もともと農耕地でない土地を開き、その土地やそこへ向かう道で野生の動物の侵入を防ぐために銃が使用された。農作物を守るために使用される銃が、戦闘になると状況によって使用されることもあった（White 1971）。アフリカの南部では、銃は主に猟において使用された。

17世紀末ごろからもっとも一般的だったのは、銃声を使って商業活動において新しい事業の開始を知らせること、結婚、出産、勝利などの記念や祭事、行政、宗教の行事、葬儀などの儀式において使用することだった（Aregay 1971, Kae 1971）。つまり、銃はさまざまな社会および経済活動において広く使用されたのである。ヨーロッパに残る銃に関する記録のほとんどは、軍事および政治的な出来事との関連において書かれたものが多いことから、このような銃の多様な役割についてはあまり知られていない。しかし、耕作物を守るために銃を使用することがより一般的だったとみられる。アフリカでも地域によって状況は異なるが、常備軍をもつ帝国は少なく、銃は戦争になるまでは王が保管することが通例だったということも、戦闘における銃の使用がそれほど一般的ではなかったことを示すものである。

小型武器がアフリカの角で一般に広まった19世紀末（エチオピア戦争後）ごろから、銃の役割も変容した。それまでみられたような社会および経済活動よりも、紛争や戦闘において使用されることになったのである。

なぜ小型武器を必要とするのか

２００２年、アフリカの角で、１つのプロジェクトが行われた。ドイツ政府の資金援助のもと、アフリカの角で活動する団体やＮＧＯと、アフリカの角の７カ国からなる政府間開発機構（ＩＧＡＤ）の協力で実施されたＳＡＬＩＧＡＤと呼ばれるプロジェクトである。このＳＡＬＩＧＡＤは、アフリカの角における小型武器の需要の要因について調査することが目的であった。[1] ＳＡＬＩＧＡＤでは、人々がなぜ小型武器を買って所有するのか、銃の経済的および社会的機能は何であるのかについて、ＩＧＡＤ加盟国を対象に調査を行い、小型武器による暴力の根本的な原因を探ることが期待された。また、暴力がもたらされる構造的な問題だけでなく、小型武器を手に入れることを促す思考や文化的要因についても明らかにしようとするものだった。アフリカの角の７カ国において実地調査を行い、政府からＮＧＯまで小型武器に関わる主要なアクターによる意見交換が行われた。このＳＡＬＩＧＡＤによって、ミクロおよびマクロな観点から、小型武器の需要に関連するいくつかの側面が明らかになった。アフリカの角でも国によって、また、一国内でも地域によって小型武器がどのように使用されるかは異なる。しかし、いずれの国にも共通した要因が3つ挙げられた。（1）安全に対する不安、（2）生計にかかわるニーズ、（3）文化と慣行である。これらの3つの点を中心に、SALIGADによって明らかになった問題を、近年のアフリカの角における状況とあわせて紹介しよう。

（1）安全に対する不安

SALIGADで明らかになった1つ目の要因は、国家機関、武装集団や暴力集団など、さらに野生の動物から身を守るためである。都市から離れた地域では、水がある所や耕作地に安全にたどり着くために小型武器を携えることもある。つまり、個人、家族やコミュニティーの防衛のために小型武器を必要とするのである。とくに都市から離れた地域では、地元の警察や軍の存在は皆無であり、国家の適当な機関によって治安の維持や安全が保障されないことから、人々は自ら武装することが最善の策であると考える。国家機関によって安全が保障されない状況が、アフリカの角の多くの地域で小型武器の需要を高めることになっているのである。ナイロビのような都市と国境地域ではその状況は大きく異なるが、近年ではさまざまな武装集団の活動が目立つことから、都市でも国境周辺などの地域においても小型武器を携える人々の数は少なくない。こうした状況を反映してアフリカの角において一般的にみられるのが、自警団と民間軍事・警備会社である。[2] 自警団と民間軍事・警備会社の存在からみえてくる、アフリカの角における人々の治安に対する不安について紹介しよう。

① 自分たちの安全は自分たちで守る

ケニアのナイロビでもっとも貧しいといわれる地区に行くと、街を巡回しているのは警察ではなく自警団である。アフリカの角ではいずれの国にも自警団が存在する。自警団は、警察や軍などの国家機関の司法手続きによらず、自らとコミュニティーの安全と権利の確保を実力行使によって行うために自主的に結成される組織（私設軍隊や民兵）、またそれを模した防犯組織である。警察などの国家機関によって治安の維持が十分に行われない地域では、自警団は珍しいものではない。たとえばガーディアン・エンジェルスのように、治安が悪化するニューヨークのような先進国の大都市においても自警団は存在する。日本においても、自主防犯組織などのような住民の自主的な組織化が活発である。

ナイロビのとくに治安の悪い地区では、自警団は自力救済機関として形成される。ケニアの北部など主要な都市から離れた地域で、警察による治安の維持が十分に行われないところにも自警団は存在する。自警団が数多く形成されるのは、治安の維持を行えない国家（政府）の弱さの産物であるといわれる。自警団は、警察のような国家の適当な機関に代わって治安維持のために活動することから、武装することが多い。ケニアでは、自警団による暴力の使用は、治安が悪化する状況に対する自然な反応であると考えられる。裕福な地域では民間の軍事・警備会社から警備員を雇って街やコミュニティーの巡回を行わせるが、貧しい地域では自ら行うという発想である。

２００９年、ケニア中部のカラチナで武装した自警団が、暴力組織として知られるムンギキとの抗争の結果、29人が死亡した。このムンギキは１９８０年に民族意識を高める目的で結成されたが、その後、マフィアのような暴力集団となり、今日でも人々から恐れられている。この地域ではムンギキが絡む暴力事件が多発することから自警団による抵抗を試みるが、暴力集団による報復が繰り返されて泥沼の抗争になった。ムンギキのメンバーは自動小銃や手榴弾などで武装し、カラチナだけでなくナイロビやナクル、リムル、エルドレッドなどの都市で犯罪行為を繰り返す。アフリカの角では、自警団はこうした凶悪化する犯罪組織や暴力集団に対抗する手段として形成される。ケニアでは、自警団は過去20

年にわたってみられるものである。治安が悪化する近年では、自警団の数も増加している。コミュニティーから支持を得て権力をもつ自警団もあるが、必要以上に暴力を使い、自警団が犯罪の容疑者を殺害したり容疑者に対して拷問を行ったりするなど、民兵やギャングと変わらないものもある。近年、自警団が地域やコミュニティーで確立され、経済的および政治的権力をもつと、コミュニティーに対して暴力を使うことがみられる。また自警団の内部でも、活動への参加を暴力によって強要して若者を強制的に雇用することがみられる。本来、自警団はコミュニティーの利益のために暴力を使うが、過度な暴力の使用によって、自警団が次第にギャング化、専門化（プロ化）して民兵になるなど懸念される要因は多い。また、異なる自警団間での闘争や、政治的目的をもって特定の人々や政治グループを守るために活動するような、政治的および犯罪的な行為を行うこともある（Anderson 2002）。

犯罪が増加すると、自警団の活動も活発になる。状況によっては、小型武器は犯罪者にも自警団にも使用され、暴力が双方に繰り返されることになる。社会に小型武器が蔓延する状況は、このような暴力の悪循環によってつくりだされる。自警団が形成されるような治安が不安定な地域においては、自衛のため小型武器も広まりやすい。その結果、社会全体が武装することになり、小型武器を魅了する社会になるのである。

②　民間軍事・警備会社は安全を保障するか

アフリカの角では、自警団のほかにも民間の軍事会社や警備会社が多くみられる。こうした民間の軍事・警備会社は、契約によって警備や軍事サービスを提供する合法に登録された企業もしくは団体である。１９８０年代から１９９０年代にかけて、武力紛争を経験した国において急成長した企業である。治安が悪い地域では、要人施設や車列などにサービスを行う。たとえば各国の大使館や、国際機関、ＮＧＯなどが、24時間の警護や危機分析を行うために民間軍事・警備会社と契約することがよくある。

アフリカの角においても、先に紹介したように、警察による治安の維持が不十分な状況が、民間の軍事・警備会社によるビジネスを可能にしている。ウガンダでは長期にわたる国内紛争によって治安に対する不安が広まり、自警団と軍事・警備会社が急速に成長した。ウガンダの首都カンパラでは、民間軍事・警備会社が国内の主要機関の警備を行う光景がよくみられる。２００２年の統計によると、ウガンダでは70ほどの軍事・警備会社が登録をしている。１９９５年の数と比較すると3倍である（図表3―1）。そのほとんど

図表３－１　ウガンダの民間軍事・警備会社数の推移

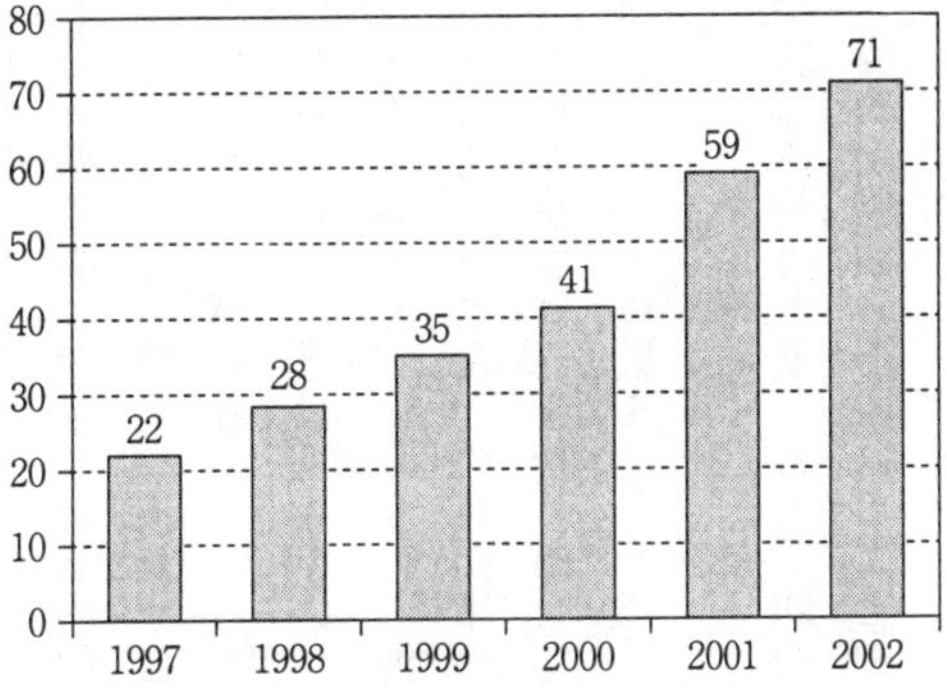

出所：Alexander（2002）p.54.

が１９９７年に定められた民間警備組織規定にしたがって小型武器を保有する。調査によるとウガンダでは、63％の人々が、警察よりも民間軍事・警備会社の職員に対して恐怖心を抱いている（Alexandra 2002）。

　ケニアでは、ナイロビだけで４５０の民間軍事・警備会社が存在しており（Mkutu & Sabala 2008）、ケニアやウガンダの民間軍事・警備会社は、コンゴ民主共和国、エチオピア、ルワンダ、スーダン、タンザニアなどでもサービスを展開する。スーダンでは、近年増加する多国籍企業が自社やその関連施設の警護にこうした会社を利用している（GIIDS 2011, Chapter 5）。民間軍事・警備会社が発展するのは、自警団が形成される理由と同様に、犯罪が増えて凶悪化しても警察などの国家機関によって何らかの対策がとられないからである。当然、個人や企業、団体は、自らとその周辺の安全に不安をもつことになる。したがって、自衛策の1つとして民間軍事・警備会社との契約を行うのである。民間軍事・警備会社は、国家機関によって行われない役割を果たすことができ、また、国家機関に依頼するよりも安く行えることなどの利点がある。しかし、あくまでも私企業であることから、公益よりも個人の利益に左右されることは否めない。

雇用条件は厳しく、雇用条件の悪さと訓練不足のため、汚職や人権侵害などの問題は頻繁にみられる。ほとんどの民間軍事・警備会社は小型武器を保有しており、給料が少ない会社の職員が小型武器を貸し出して利益を得ることもよくみられる。アフリカの角の人々はこれらの汚職と腐敗を十分認識しており、警察や軍、警備要員に対して強い不信感を抱く。

小型武器の管理と使用にも問題が多い。十分な管理が行われないため、小型武器が民間軍事・警備会社から盗まれることや、民間人に対して小型武器が使用されるといったケースがみられる。また、民間軍事・警備会社が非合法に小型武器を入手している例もあった。このような状況を反映して、民間軍事・警備会社によって保有される小型武器の数に

コラム
COLUMN

映画『アフリカ残虐物語　食人大統領アミン』（原題 Rise and Fall of Idi Amin）

『アフリカ残虐物語　食人大統領アミン』は，1981年にケニアとイギリスにより共同制作された映画である。1971年にウガンダ共和国で軍事クーデターを起こして第3代大統領になったイディ・アミン（1935－2003年）を描いた映画。イディ・アミンは政敵を弾圧，30万人を虐殺したとして，アフリカでもっとも血にまみれた独裁者と称された。この映画の原題を文字通り訳すと「イディ・アミンの興亡」となるが，その残虐さからか「食人」のイメージが強調されて邦題がつけられたようである。しかし「食人」は脚色で，実際は健康への懸念から鶏肉しか食べなかったとか。身長が190センチを越える巨漢で，東アフリカのボクシングヘビー級チャンピオンの顔をもつ。

関する情報は皆無に等しい。これらの会社については、国による管理はほとんどなく、たとえばケニアでは、警察が4万人程度であるのに対して民間軍事・警備会社の雇用者は3万人にもおよぶ。その影響力は小さくない。しかし、十分な統制がとられないことから、決して安全を保障しているとはいえない。

自警団や民間軍事・警備会社の存在は、国家機関が治安の維持を十分に行えない（行わない）ことの証明であり、そのような状況において存在意義が見いだされる。人々が小型武器を手にする理由の1つは、こうした自主的な措置がとられなければならないほど、自らとその周辺の安全に対して不安を抱くからである。国家の適当な機関が治安の維持を行えない（行わない）状況があり、人々の認識において、国家機関に対する絶望感やあきらめ感が広まる。こうなると、犯罪から自らを守るために暴力が使われる。つまり、暴力が誰にでも使用されて一般化するのである。アフリカの角では日常の安全をめぐって、国家の構造的な問題に対する1つの反応として小型武器の需要と拡散の一側面が説明される。

（2）生計にかかわるニーズ

SALIGADによって明らかになった理由のもう1つは、自らの利益を守るためである。「利益」とは、経済的、社会的および政治的利益をさしており、この問題は社会に根深い貧困や雇用の問題と周縁化される人々のニーズにかかわる。人々は小型武器を使用することによって、自らの経済的、社会的および政治的ニーズを満たすことができると考えるのである。具体的には、収入、家畜、水、土地、衣食などを得るための手段として使用するのである。都市部では、強盗や窃盗といった形で自らの利益を得るために使用されるのが小型武器である。一方、都市から離れた地域では、日々の生計にかかわる家畜、土

ケニア（2011 年，筆者撮影）。

地、水などをめぐって起こる対立において小型武器が使用される。そのような2つの例を挙げてみよう。

① 牧畜社会における小型武器

アフリカの角には広い乾燥地帯が広がる。乾燥地帯とは、極乾燥地と半乾燥地、乾燥半湿潤地の総称で、地球の陸地面積の40％以上を占める。今日、世界人口の3分の1にあたる人々が乾燥地帯に暮らす。気候の乾湿度は降雨量だけでは決まらないが、ここでは簡単に降雨量だけでその基準を示すと、半乾燥地では年間およそ500ミリから1000ミリメートル、極乾燥地では500ミリメートル以下の地である。

地球上の南北回帰線を中心に、アフリカ大陸以外にも、ユーラシア大陸、オーストラリア大陸などで乾燥地帯が広がる。アラブ首長国連邦のドバイのように、都市化が進む乾燥地帯もある。乾燥地域には一般に、狩猟、牧畜、交易、灌漑農業などの生業活動が成立し、これに応じて多様な民族も形成される。

アフリカ大陸は、陸地面積の約43%が乾燥地帯に分類される。この地域では、ウシ、山羊、ロバなどの家畜の飼育を行って生計を立てる牧畜民と農牧民が暮らす。牧畜とは、草食性、群居性の有蹄類（ひづめをもつ草食獣とそれに近縁の哺乳類）を土地の私有制のない条件で遊牧形式で飼育するもので、土地の私有制のもとに行う牧場式の定着的家畜の飼育である畜産とは異なる。通常日本で行われているのは畜産である。

アフリカの角の土地の約70%が乾燥もしくは半乾燥地である。したがって、必然的に農牧民の数も多くなる。牧畜によって生計を営む人の数ではアフリカの角が世界でもっとも多いといわれ、豊かな牧畜文化を発展させてきた。スーダンは牧畜民の割合が世界でもっとも高く、ソマリアが3番目、エチオピアは4番目である。ジブチでは人口の約3分の1が牧畜民である。ケニアはその国土の約80%が乾燥地帯で、14の県にまたがる[3]。ケニアの人口の約35%、家畜の半数がこの地域に暮らす。この地域では、現金収入の70%は家畜からもたらされる（Mkutu 2009）。牧畜社会では、家畜の所有は社会的な地位を決定付けることから、家畜は単なる富の象徴ではなく、共同体の幸福を示す。家畜の贈与によって、家族や交友関係を構築するものである。家畜は、優れた交換財・商品としての価値もある。たとえば牧畜社会においては、ウシと小型武器や銃弾が交換される。

植民地支配からの独立は、ケニア、ウガンダ、スーダン、エチオピアの農牧民社会に国境をもたらした。独立後の各国が行った国家開発の流れは、これらの農牧民社会を周縁化するものであった。農牧民のニーズについて政府が取り上げることはなく、ほとんどの国で政府は、都市と農耕で暮らす人々を中心に開発計画を進めた。ケニアとウガンダ政府によるこの地域への社会、政治、経済的排除が続いたため、国家への帰属感が薄く、部族意識が残る地域になった。各国の政府による農牧民社会の周縁化は、今日でも農牧民の経済的および政治的排除という形で顕著である。農牧民のほとんどは学校教育を受けていない（図表3―2）。また各国政府の努力はみられるが、農牧民は人口の比率に見あう数の議会や市民サービスの高官職には就いていない。このような状況は、エチオピア、ソマリア、ジブチ、エリトリア、スーダン、ウガンダ北部の牧畜社会に共通する。したがって、今日においても都市と農牧民社会が広がる地域には大きな隔たりがみられる。

図表3－2　教育を受けていない牧畜民人口の割合

（ケニア，男子）

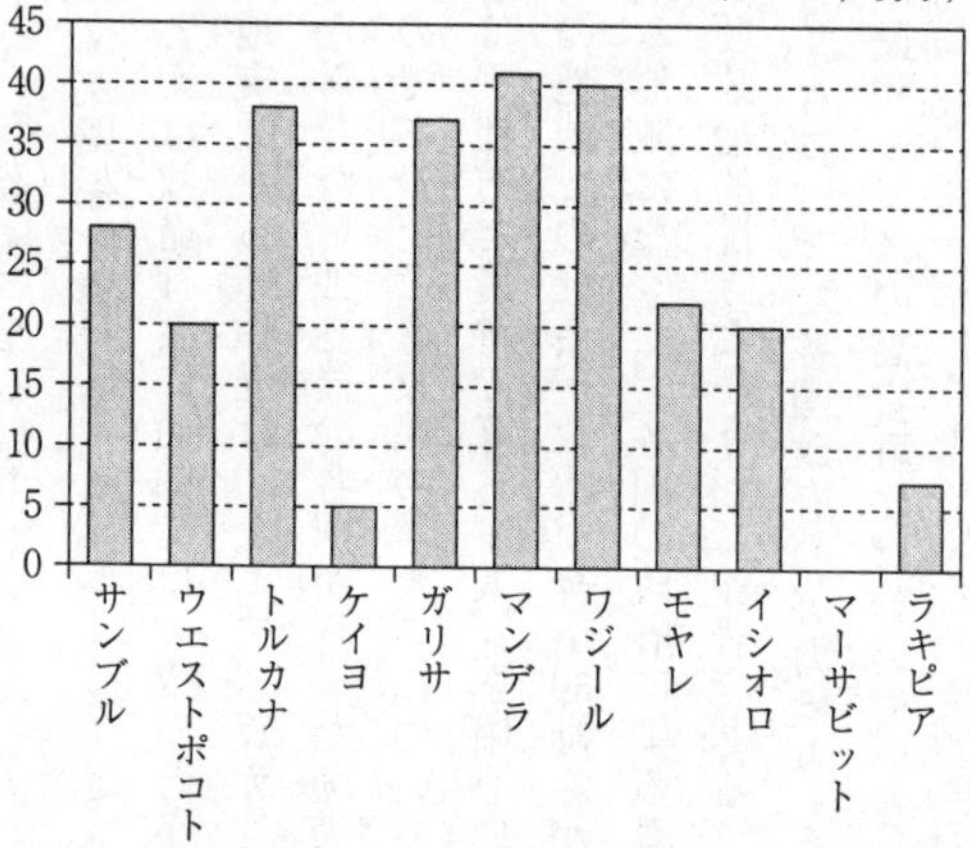

出所：Mkutu（2001）.

植民地支配の前から、ケニア北部のトルカナ地方の部族とウガンダ北東部のカラモジャ地方の部族間で、他の部族を襲い家畜を略奪する攻撃が行われ、銃で武装した私有軍も存在した。植民地化に際して、イギリスはこの地域を武装解除し、安定させる試みを行ったほどである（Mburu 2002）。ケニアとウガンダ地域の家畜の略奪攻撃に加えて、植民地政府にしたがうトルカナ地方の南部と北部の間での紛争が繰り返され、この地域の小型武器の需要は高かった。こうした状況から周辺地域でも需要が高まり、紛争によってもたらされる小型武器が周辺へも広まった（Mkutu 2008, Chapter 3）。エチオピアでは、ケニアとの国境を守るために政府が地域住民に銃と銃弾を支給したこともあった。

家畜を飼養して生活する牧畜社会では、昔から土地をめぐる対立やウシを略奪するための攻撃はみられた。しかし、牧畜社会における集団間の対立は、今日、私たちがイメージするところの「敵」と「味方」といった固定的な関係ではなく、いくつもの集団が対立と友好を繰り返して不断に変化するものである。つまり解決や予防の対象になるものではなく、日々の出来事の1つなのである。こうした対立や略奪攻撃では、小型武器がもたらされるまでは槍や棒を使用した。しかし、農牧民社会にも小型武器がもたらされたことによって、次第にその被害も拡大し、深刻になっている。

近年では気候の変動と厳しい環境変化のため、限られた土地での水資源や牧草地をめぐる競争はより激しくなり、農牧民の部族や民族間の小型武器による暴力は頻繁にみられる。とくに1980年代からは、部族間の家畜の略奪攻撃が増加し、小型武器の使用と独立戦争に際して身につけた戦闘技術によって凶悪化したといわれる（Mburu 2002）。1980年代の終わりごろから使用され始めた小型武器は、1990年代には自動小銃が一般的になり、対立の激化と攻撃の規模が大きくなった。こうして自動小銃は牧畜社会の集団間の社会関係（民族間関係）にも変化をおよぼすものになった（Odegi 1990, Barber 1968, Pazzaglia 1982）。ケニアやウガンダでは１９９０年代中ごろからは、家畜の略奪攻撃によって得たウシを闇市場で売る産業が生まれ、家畜の略奪攻撃が商業化している（Mkutu 2003）。

牧畜社会において優れた交換財であるウシは、結婚に際して家畜を花嫁に支払う婚資として充てられることもある。そのため、青年が婚資を得るためにウシの略奪攻撃を行うこともある。今日では優れた小型武器を所有することが、略奪攻撃の際に捕まる可能性を減らし、より多くのウシを得ることを可能にすると考えられているのである。

牧畜社会における小型武器の需要は、ウシという農牧民にとって重要な財に関連する。ウシの飼養において重要である放牧地や水に由来して起こる対立や闘争、狩猟、家畜の略奪攻撃など、その目的は多様であるが、農牧民の生計に深く関与しながら、小型武器は農牧社会のニーズを満たすための手段となった。小型武器は、自らの家畜を略奪攻撃から守るための役割も果たす。今日の牧畜社会で小型武器は、自らとその財であり社会的な地位を象徴するウシを守るための重要な道具となったのである。

このような農牧民社会の暴力の悪化は、これまで何も対策が行われなかったことによる。家畜の略奪攻撃の激化や商業化は、牧畜社会に広がった小型武器によるところが大きい。乾燥地域では、警察や軍などの国家機関の存在が薄く、政府による小型武器への対策は皆無であった。牧畜社会における小型武器の問題は、国家（政府）と周縁化される地域という国家のポリティックスの象徴でもある。

② リクルートされる青年たち

１９９７年8月、ケニアのコースト州モンバサ県とその隣県で襲撃事件が起きた。のちにリコニ事件と呼ばれるこの襲撃は、20名ほどの青年で構成された襲撃団が、警察署から大量の小型武器と弾薬を強奪し、付近の民家や商店の略奪および放火を行った。この事件による死者は１００名以上にのぼり、10万人ほどの人々が国内避難民となった。この事件の背景には政治エリートの関与があるとみられるが、襲撃の対象として民族的な違いが利用された。襲撃を行った青年たちはリクルートされ、軍隊経験者が青年たちの指揮にあたり訓練を行った（HRW 2002）。

アフリカの角の主要な都市では、小型武器を使った車の乗っ取り、銀行強盗、ビジネス街や住宅街での窃盗などの犯罪事件があとをたたない。都市における小型武器を使った犯罪は、比較的近年になってみられるものである。しかし、ケニアのナイロビだけでも、非合法な小型武器は5千近くあるとみられる（Daily Nation 2006）。今日の小型武器を使った犯罪の多くは都市においてみられる。アフリカの角ではこうした犯罪には犯罪グループがかかわるが、雇用のない青年が犯罪グループに加わることが共通してみられる特徴である。

近年、ナイロビで犯罪行為を繰り返す暴力集団ムンギキのメンバーは数千人に達するとみられるが、そのほとんどが失業中の青年である。ムンギキは、ケニア中部地域の深刻な社会的不平等に対抗することをうたって、青年たちを雇用する（The Gurdian 2009）。また、主要都市で行われる小型武器を使用した犯罪行為では、警察よりも優れた武器を所持しており、プロ化していることが懸念される。とくにナイロビでは、小型武器のなかでも軍用のＡＫ－47がほとんどである。アフリカの角のその他の国では、むしろ拳銃が使われている（BICC 2002）。こうした状況にもかかわらず、警察などの国家機関による都市における対応は十分な効果をあげていない。その理由の1つは、こうした犯罪事件の情報が、警察には十分に伝えられないことにある。多くの目撃者は、犯罪グループによる報復被害を恐れて警察へ情報を提供したがらない。また、警察に対する信用が薄いこともその原因の1つといわれる。いずれにしても、ナイロビのような都市で起こる小型武器を使った犯罪を支えるのが、比較的年齢の若い青年であるといわれる。犯罪事件やギャングによる暴力事件では、往々にして雇用にありつけない若者の姿が目撃される。彼らもまた、周縁化されつつある人々といえるであろう。周縁化される人々のニーズを満たすための1つの手段として小型武器は存在しているのである。

（3）文化と慣行

SALIGADの調査によって明らかになったもう1つの要因は、文化と慣行である。人々が小型武器を必要とするのは、地域によってみられる文化的に構築された価値観と、アフリカの角の各国に共通してみられる警察などの国家機関で日常的に行われる慣行によるところが大きい。文化的な要因は地域や民族によって異なるが、ここではアフリカの角にみられる小型武器に付与される文化的な価値と、この地域に共通してみられる小型武器に関する慣行を紹介する。

①　象徴としての小型武器

エチオピアの一部の地域では、銃は男性のジェンダー構築に関係しており、15歳くらいになると、銃を肩に携えて出歩く光景がみられる（増田　２００１）。地域によっては、小型武器に「男性らしさ」の象徴的意味が築かれる。エチオピアのある地域では、男性がファッションの１つとして銃弾が装填されていない銃をもち歩くこともある。つまり銃を所有することが、１つの男性としての意味をもつことなのである。とくに自動小銃は男性が所有するもので、女性が購入する姿はみかけられない。したがって、小型武器に男性性のような認識が付与されるのである。南スーダンの一部では、このような男性らしさと銃の力との間に強いイデオロギー的な関係性を見いだす語りや行為が存在する（Hutchinson 1996）。

アフリカの角において伝統である婚資についても、このような男性性と無関係ではない。たとえばウガンダ北東部の牧畜社会では、婚資のために略奪攻撃を行うのは、一人前の男性であるということの象徴でもある（Sabala & Cheruiyot 2007）。２００２年の時点では、ウガンダ北部の婚資は、貧しい家の出身であれば30頭のウシ、豊かな家の出身者は60頭ほどで、もっとも高いところでは１３０頭にもおよんだ（Gomes & Mkutu 2003）。銃を使用した家畜の略奪攻撃は男性によって行われるものであり、ここに略奪攻撃、小型武器と男性性が結び付けられる。近年では、銃や銃弾が婚資に充てられることもあるように、小型武器に付与されるものとして男性性がある。こうした思考においては、それによって引き起こされる問題やその善し悪しとは無関係に、小型武器自体が男性を現すものとして象徴的にとらえられるのである。こうして小型武器を所有することが男性を象徴するものとなり、ある年齢に達すると、青年は所有することを望み、またそれがその社会において期待されるのである。こうして小型武器を所有することが、社会全体で受け入れられることになる。

② 「復讐文化」と小型武器

エチオピアとソマリアの一部の地域では、「復讐文化」や「戦士文化」と呼ばれる慣行がある。殺人の被害を受けた場合、復讐が被害者の家族によって行われなければならないとする伝統である。この復讐は「正義」と呼ばれて、被害者を埋葬する前に行われなければならないと考えられる。近年ではこのような慣行において、より効果的で信頼できる小型武器を使用することが重視される。このような復讐文化や戦士文化には、勝者を勇敢な者（ヒーロー）として祝う行為も含まれる。この復讐文化による思考のもとでは、双方の復讐行為がやがて武力紛争に発展することもある。この文化はアフリカの角のすべての地域でみられる思考ではないが、このような文化的な思考をもつ人々も存在する。復讐が復讐を呼び、暴力で暴力に対抗することになる復讐文化は、今日の小型武器の需要に貢献する思考である。

③　貸し出される小型武器

アフリカの角で警察、軍もしくは民兵の宿舎に行くと、その生活環境の悪さに驚く。警察官への給与は非常に低く、支払いが遅れることも頻繁にある。また、昇進や訓練の機会は与えられない。本来パトロールの任務を遂行するための車両などに使われるはずの資金が、汚職と腐敗のために高官によって使われてしまうため、多くの警察官は任務が行えないという。ＳＡＬＩＧＡＤの調査では、ナイロビの警察官は収入を得るために、勤務が終わったあと、職務に使用する銃を、夜間にギャングや窃盗団に貸し出す（BICC 2002）。しかも、こうした行為は比較的広く行われていることが明らかになった。国家機関によって行われるこのような行為は、慣行と化しているのである。このような状況を知る市民の国家機関への信頼は薄く、自衛のために小型武器を手にする。これも小型武器の需要を説明する1つの要因である。

小型武器と女性の役割

小型武器の問題について議論すると、多くの場合、女性はその被害を受ける側として描かれる。事実、女性は武力紛争における暴力や性的暴力の対象として甚大な被害を受ける。小型武器の脅しによる強制的な労働など、女性が受ける影響は少なくない。先にも述べたが、小型武器には男性というジェンダーが構築される傾向があることから、女性がその問題に積極的に貢献するというイメージは小さい。また、ギャングや武装集団なども、歴史的には男性（とくに青年）特有のものとして認識される（GIIDS 2010, Chapter 7）。ギャングや武装集団における女性の役割は、料理やその他の身の回りの労働など社会的側面が中心である。実際の調査においても、近年ではギャングや武装集団に女性が加わる姿がみられるが、小型武器を使用した暴力に加わることは少ないことがわかっている（GIIDS 2010, Chapter 7）。しかし、日常において小型武器とまったくかかわりがないのではない。アフリカの角では、小型武器の銃弾が貨幣の代わりに使用される地域があり、女性が銃弾を生活に必要なものと交換する。また、携帯が容易な銃弾は、水汲みで長距離を歩く途中で売ることもある。女性は、警察や軍などから疑われる可能性が少ないことから、銃弾が容易に手に入らない地域では、こうした女性の役割は重要である。女性も、日常においても小型武器の使用を支える役割を果たしているのである。

暮らしと小型武器

アフリカの角において、小型武器は必ずしも戦闘という特別な状況ではなく、日常の暮らしにおいて、人々が自らの選択の幅を広げるための1つの手段として使用されている。小型武器は、アフリカの角の人々の暮らしに密着したということである。SALIGADによって明らかになったことは、①小型武器の需要は文化を含めて歴史的、社会的に決定されるものであること、②小型武器の需要の高さは政府（国家機関）の対応や、経済および労働の状況によって条件付けられること、③小型武器の需要はその入手しやすさにも左右されることである。小型武器の需要は、アフリカの角の人々の日常において、国の開発とその歴史、伝統と慣習、治安の状況が複雑に絡んで人々の認識に作用しながら高まる。小型武器の供給も、間接的にその需要を促しているのである。この地域では、小型武器が人々の不安解消やニーズを満足させるための手段になったことによって、日常においてその被害にあうリスクが高くなった。小型武器が人々の暮らしにおいて使用されると、背景にどのような理由があれ、その帰結は同じである。もたらされるのは、最終的には暴力である。そこに敵と味方という政治的な関係が描かれて、日常に使用される小型武器が、暴力を伴う対立という特別な状態へと変化させる。これまでこうした固定的な敵対関係がなかった牧畜社会においても、小型武器の拡散と使用によって被害が深刻になっている。牧畜社会の安全も根底から脅かされているのである。

小型武器を魅了するアフリカの角

アフリカの角に小型武器が広まったのは、単に国際的にこの地域に供給されるからだけではない。この地域において小型武器が必要とされる、つまり需要が存在し、それを支える環境があるからである。そうであるならば、私たちは、なぜこの地域の人々が武器を携えることになるのかについて把握する必要がある。

アフリカの角において、人々が小型武器を必要とする理由はさまざまである。しかし、先の章でも述べたが、この地域における武力紛争が、その重要な要因である。武力紛争という特別な状況においては、小型武器は当然、敵を殺傷するために必要になる。アフリカの角の各国が抱える国内紛争と国家間に生じる紛争によって、その需要が高いことの一端は説明できる。しかし、アフリカの角では大規模な武力紛争状態にはない地域でも、人々は自らの安全と治安に対する不安を抱いて小型武器を所有する。アフリカの角を訪れてひしひしと感じたのは、この地域は小型武器の拡散と治安の悪化の悪循環に陥っていることである。治安の維持が十分に行われないから、小型武器が拡散するとともに人々が自衛の必要を感じてそれを手に入れる。そうして小型武器が広まって治安が悪化する。まさに小型武器を魅了する地域なのである。

このような国や地域では、共通して政府の汚職や腐敗度も高い。警察や軍などの国家機関が保有する小型武器についても、その管理が十分ではない。事実、国家機関による汚職や腐敗はアフリカの角の各国に広く認められる。汚職や腐敗度の調査を行う国際非政府組織であるトランスペアレンシー・インターナショナルが２０１１年に発表した世界１８３カ国の世界汚職認識指数の順位によると、汚職度がもっとも高いのは最下位のソマリア、１７２位のスーダン、１５４位のケニア、１２７位のウガンダ、１２３位のエリトリアと、アフリカの角の各国はいずれも汚職度が高いとされる。小型武器が社会に広まるのは、国家が崩壊するような状況だけでなく、治安と人々の安全について国がどのような対策を行い、どのように具体化するのかということにかかわる。また、それに対するコミュニティーや社会の反応とも密接に関連しながら小型武器の需要に反映される。このように考えると、紛争の悪化と小型武器の拡散は、政府の問題によるところも大きい。国家や警察によって、問題となる地域の安定化や治安の維持が十分行われてこなかった。国家が崩壊していない状態でも、政府による政策や治安の維持が十分でない場合、国内に広まる小型武器の管理と規制、被害の防止、一般市民による小型武器の所有規制などのあらゆる側面に影響をおよぼす。また、経済状況や労働環境などを含めた人々の生計に関連する国家の政策とその実行、またそれに対する人々の反応にもかかわる。国の経済状況の影響を受ける人々の暮らしもまた、小型武器の需要とは無関係ではない。

他方で、個人や社会が需要を高める側面も否定できない。小型武器がアフリカの角の社会に根づく過程で、「男性らしさ」などの文化的な価値が付与されたことは、国家やその構造的な問題にかかわらず、その需要を高めることに貢献している。小型武器は単なる戦闘のための兵器ではない。その役割はさまざまに変容し、それを携える個人をとりまく状況に左右されながら決定される。したがって個人、社会、国家をめぐる状況が複合的に作用して、その需要を決定するのである。

「小型武器の問題」とは

　では小型武器の問題とは一体何なのであろう。一般市民が小型武器を手に入れること、もしくは、その意思が問題なのか、それとも手に入る状況や機会が問題なのだろうか。本章と先の章における状況からいえることは、「人道」や「人々の安全」を優先するならば、小型武器が手に入る状況や機会も、手に入れる意思も、同様に問題になるということであろう。国際的な供給が問題なのか、アフリカの角のように、小型武器を誘引する社会的背景や文化的な思考、つまり人々の需要が問題なのかを考えることはそれほど重要ではないのかもしれない。先の章と本章で概観したアフリカの角における状況が示すのは、小型武器は人々の思考と社会、その国と地域の発展にかかわりながら、その供給と需要の微妙なバランスのもとで拡散すると考えられるからである。小型武器を手に入れる機会があることも、入手することも、それを不正に使用するリスクを高めることになる。あくまでもリスクであって、実際に小型武器が不正に使用されるかどうかは、それぞれの状況によって、他の要因からの影響を受けて変化する。アフリカの角の状況から明らかなことは、そうしたリスクを1つでも減らすことが、「人道」や「人々の安全」を優先するということなのであろう。つまり「小型武器の問題」とは、不必要に小型武器が手に入る機会であり、不用意に小型武器を手に入れる意思でもある。小型武器の問題にとりくむということは、これらの両者もしくはどちらかの側面に、何らかの形で働きかけるということではないだろうか。

註

(1) IGADはアフリカの角の7カ国が加盟する地域機構で、加盟国首脳からなる総会、外相からなる閣僚会議、事務局などをもつ。1986年に創設された干ばつ対策・開発政府間機構が、1996年に改組されて発足したもの。

(2) 民間軍事会社は、民間警備会社や民間警備請負企業など、さまざまな呼称がある。日本では民間軍事会社もしくは民間軍事請負企業などと呼ばれる。英語では、2008年にスイスで採択されたモントレー文書で「民間軍事・警備会社」の表記が使用されて、今日、正式な名称として使用されるようになった。

(3) これら14の県とは、2007年以前の行政区分における県で、イシオロ、マルサビット、ガリッサ、マンデラ、バリンゴ、ケイヨ、ワジール、カジアド、ライキピア、マラクウェット、ナロク、サンブル、トルカナ、ウエストポコトである。

第4章　一筋縄にはいかない武器の回収

２００３年、ケニアのモンバサでアフリカの角のある国の安全保障問題担当官とこんな言葉を交わした。

「国境を管理するのが難しくても、やはり小型武器の回収の努力をしなければ結局みんなが小型武器をもつ国になるし…」

「きみのいうことは正論だ。でも回収したからといって安全になるとも限らない。」

「現状維持ですか？」

「まさか！　何とかすべきだからここにいるよ。武器の回収をするにしても、いつやるのか、どこでどのようにやるのか、見返りは何なのか、誰が行うのか、こういうことをすべて考えて行うだけの資源、つまり資金も人材もない。武器の回収はやらなければよかったという例はいくらでもあるから…」

このわずか数分の会話に、近年、アフリカの角で行われる小型武器回収のとりくみの現実が集約されていた。

地域でとりくむ小型武器問題

アフリカの角でも広まった小型武器を何とかしなければという声は、2001年に開催される国連小型武器会議の前からあがっていた。2003年9月、ナイロビにあるナイロビ・セクレタリアートというある事務局を訪れた。もともとケニア政府の外務省内に仮住まいであった事務局が、半年前に新しい建物に移ったばかりで、真新しい空間に机と棚がいくつか並ぶスペースであった。まだそれほど何かが進んでいる感じはしなかった。どのような活動を行っているのか聞いてみると、これから動き出すとりくみの調整が始まったばかりで、そのほとんどが明らかではなかった。

この事務局は、アフリカの角と大湖地域の小型武器の問題にとりくむために、2000年3月に採択されたナイロビ宣言（正式名は、「大湖地域およびアフリカの角地域における非合法小型武器・軽兵器の拡散に関するナイロビ宣言」）を具体化するための調整役として設立された。小型武器と軽兵器の問題に関する議論は、アフリカの角ではすでに

1990年代から政府間開発機構（IGAD）を中心に、隣接する地域において頻発する武力紛争への対応の一貫として行われていた。国連やアフリカ連合（OAU）も小型武器と軽兵器の問題に注目し始めたこともあって、大湖地域とアフリカの角では、国連小型武器会議の開催に先駆けて2000年にナイロビ宣言を採択した(1)。

この地域の国境周辺をめぐる小型武器と紛争の状況から、地域レベルでの協力が不可欠であることは誰もが感じるところだった。そのための第一歩が、この「ナイロビ宣言」に集約されたのだった。この「ナイロビ宣言」は、大湖地域とアフリカの角において小型武器の問題についての共通の認識を構築することが目的である。この宣言を受けて、2000年11月には行動目標と実施計画を採択し、事務局（ナイロビ・セクレタリアート）をおいて本格的なとりくみ体制を構築した。「ナイロビ宣言」の採択と事務局の設立には、イギリス政府からの支援が大きかった。

ナイロビ・セクレタリアートのスタッフは、まだ動き出したばかりの準地域レベルでの小型武器へのとりくみと事務局の役割について丁寧に説明してくれた。その役割は明確だった。あくまでも小型武器の問題に具体的に対処するのはそれぞれの国（政府）であって、その成果をより高めるために地域レベルで何をしなければならないのか、何がそのとりくみに含まれるのかを明確にすることと、国境を越えて頻発する武力紛争と小型武器の問題など、国家間で協力が必要なとりくみについてはその調整を行うというものである。つまり、何よりも各国のとりくみと責任が前提でナイロビ・セクレタリアートが機能する。「ナイロビ宣言」では関係各国に、小型武器問題のすべての側面に対応するための窓口を設置することが示されており、この各国の窓口と協力して地域レベルの調整を行うのがナイロビ・セクレタリアートの役割である。

ナイロビ宣言と行動計画の内容は、翌年に行われる国連小型武器会議によって取り決められる国際的な小型武器への対応にも通じるものであった。その後の2004年には、さらに踏み込んで、大湖地域とアフリカの角の11カ国(ブルンジ、コンゴ民主共和国、ジブチ、エチオピア、エリトリア、ケニア、ルワンダ、セイシェル、スーダン、タンザニア、ウガンダ)でナイロビ議定書(正式名は、「大湖地域およびアフリカの角と近隣国における小型武器・軽兵器の削減、管理および防止のためのナイロビ議定書」)を採択した。(2) この議定書は、対象地域の国々の小型武器に関する法律の整備、国家および一般市民で所有する小型武器・軽兵器の管理のための手続きの強化などについて法的な命令を下すことができるもので、2006年5月から施行された。2005年からナイロビ・セクレタリアートは、大湖地域およびアフリカの角の小型武器・軽兵器に関する地域センター（ＲＥＣＳＡ）として、小型武器と軽兵器に関する行動計画の実施、情報の共有を行う。小型武器の法規則に関するワークショップやセミナーを実施したり、小型武器の刻印に関するセミナーやブローカー取引に関する会合などを扱ったり、小型武器への具体的なとりくみを実践するフォーラムとして機能している。２００５年にもナイロビ宣言とナイロビ議定書の実施のためのガイドラインを策定して、小型武器・軽兵器の問題のあらゆる側面について指針を示した。

ナイロビ宣言、ナイロビ議定書に始まるとりくみと、それを調整するＲＥＣＳＡは、地域レベルでの小型武器のとりくみを実現化したものである。ナイロビ宣言以降、地域レベルでの小型武器へのとりくみの動きには、国連も主要８カ国首脳会議（Ｇ８）参加国も支持を表明している。国連機関はもちろん、西ヨーロッパ諸国や日本もＲＥＣＳＡの活動に支援を提供する。順調な地域レベルでの動きも、その役割に明示されたように、具体的な小型武器へのとりくみは各国に委ねられる。その各国のとりくみに現実を垣間みることになった。

数少ない選択肢

冷戦後の小型武器にかかわる教訓の1つは、武力紛争などで社会に広まった小型武器は自然に減ることはなく、余剰な武器としてとどまり、治安を悪化させるのはもちろん、隣国へも流れて周辺地域全体に悪影響をおよぼすことだった。冷戦期に小型武器が広まった東欧や旧ソ連諸国では、冷戦の終わりとともに、余剰な小型武器をどうするかが問題になった。結局これらの国では不要になった大量の小型武器を安価で輸出することによって、余剰な小型武器を減らすとともに外貨を得ることができた。東欧と旧ソ連諸国から輸出された小型武器は、アフリカ諸国を含め他の地域の紛争を支えるものになった。今日のアフリカ諸国はどうであろう。国際市場での取引は衰えていないとはいえ、冷戦期にアフリカ諸国と同様に小型武器が広まった他の地域の状況を考えると、アフリカ諸国が他の地域へ輸出できる可能性は高くない。今日のアフリカ諸国にとって、小型武器を削減するために考えられる選択肢はそれほど多くないということである。

その数少ない選択肢の1つが、武器を回収して処分することである。その必要性については、ナイロビ宣言とナイロビ議定書においても言及された。武器の回収と処分は、1990年代以降、国連などの国際機関をはじめ、開発支援を行う先進各国もその必要性を認めて支援を行っている。実際、カンボジア、モザンビーク、シエラレオネ、アフガニスタンなどの紛争を経験した国において武器の回収が行われた。

武器の回収が開発支援との関連でも注目されるようになった理由の1つには、小型武器の存在が当該国の人々の生活を阻害するばかりでなく、国際協力のもとで行われる開発支援に携わる者がその犠牲になるなど、開発支援自体が困難な状況におかれたためである。このような状況は、とくに1990年代になって目立ってみられるものだった。もう1つには、アフリカの角における小型武器の使用動機をさぐるなかで明らかになったように、犯罪の増加などの治安の悪化と貧困や不平等など開発支援においてとりくまれてきた課題が、小型武器の拡散とも何らかの関係があり、開発と平和（安全）の問題は相互に作用することが議論されるようになったことがある。つまり、開発と平和（安全）が不可分な関係であるという認識から、これらの包括的な対応によって安定を定着させることが期待されるようになったのである。主要先進国からなる経済協力開発機構（OECD）や国連開発計画などの開発支援を専門に行う機関も、それぞれの支援に紛争予防の観点を積極的に取り入れ始めた。世界銀行でも紛争後の国や地域の支援のための基金を設けて、紛争地域や紛争の恐れのある国における支援を行っている。日本も含めた先進各国の開発技術協力機関では、「平和構築」、「紛争予防」、「人間の安全保障」などの枠組みにおいて、小型武器の問題へのとりくみを開発支援に組み込んでいる。武器の回収と処分を開発支援との関連で行うことは1990年代からみられるようになったが、紛争経験国や紛争に陥いる恐れのある地域で行われる今日の国際協力では、武器の回収は注目される支援分野の1つになった。

武器の回収と処分のプロセスでは、人々に武器を捨てさせること（武装解除）、つまり武器を手にする意思を変えることが必要である。紛争後の国では、武器の回収と処分を行うため武装解除が行われる。これを誰が中心になってどのように行うのかという実施方法はさまざまである。たとえば強制的に行うものもあれば、自主的な武装解除を促すものもある。また、当該国政府によって行われるものもあれば、第三者によって行われるものもある。

アフリカの角で行われる武装解除と武器の回収についても、3つの異なるタイプがみられる。1つ目は、スーダンやソマリアのような武力紛争を経験した国において行われるもので、軍組織の解体と元戦闘員の市民生活への移行プロセスである「動員解除」と、元戦闘員とその家族が生産的な市民生活をおくれるよう一般の社会生活に再統合する「社会復帰」をあわせて行うものである。これら「武装解除」、「動員解除」、「社会復帰」をまとめて一般にＤＤＲ（Disarmament, Demobilization and Reintegration の略）と呼んでいる。ＤＤＲは、武力紛争を経験した国では、和平ともかかわる広い意味での平和を達成するための活動の一環として実施され、後に行われる社会的な和解や経済復興まで視野に入れて包括的に行われる。国軍や警察を再建する治安部門改革（いわゆる SSR：Security Sector Reform の略）の前提もしくはその一部としてＤＤＲの役割がある。ＤＤＲでは、一定の指揮のもとで武装解除を促す。ナミビア、カンボジア、モザンビーク、エルサルバドルなど冷戦後の国連ミッションのほとんどで実施され、近年では、武力紛争を経験した国では、必ずといってよいほどＤＤＲが実施される。

２つ目は、武力紛争を経験していない場合に当事国政府によって行われるもの、もしくは紛争に勝利した側が行うものである。ケニア、ウガンダ、エチオピアなどの牧畜社会において、対立が繰り返される地域を対象に政府が行う武器の回収がその例である。社会における犯罪を予防するための武器の回収は、市民が武器を所有しようとする動機を低下させるための規制や実務的な活動を行う「武器削減」といわれ、ＤＤＲのなかで行われる

「武装解除」とは区別されることがある。しかし、ケニア、ウガンダ、エチオピア政府は、通常、「武装解除」もしくは「非武装化」と呼んで武器の回収を実施している。

3つ目は、第3者によって強制的に武装解除が行われるものである。植民地時代に宗主国がウガンダ北東部やケニア北部の一部の地域に対して行った武装解除などはその例である。

武器の回収の試みは、決して近年になって行われるようになったのではない。今日のように国際協力において武器の回収と処分が行われる前から、当該国政府による武装解除（非武装化）は、アフリカの角の各国では一般に行われていた。スーダンのように、国連とスーダン政府の協力によるDDRと、スーダン南部での自治政府による武装解除の両方が行われる例もある。しかし、アフリカの角で行われた政府による武装解除と武器の回収にみられる現実は、国家と社会の間に生じた根深い問題と、国家が求める「正義」と人々が求める「正義」をめぐる対立を浮き彫りにした。

カラモジャの悲劇

アフリカの角のなかでもウガンダ北東部のカラモジャ地方では、武装解除（非武装化）

が幾度となく行われ、それによって暴力が繰り返された地域である。先の章でも説明したように、カラモジャ地方は、歴史的にも象牙の取引が盛んであり、商人によって小型武器が多くもたらされた地域である(3)。牧畜社会が広がり、北に南スーダン、東にケニアのリフトバレー州が接する地域で、今日では百万人ほどが暮らす。1990年代からは、ケニアのリフトバレー州の農牧民との間で生じる家畜の略奪攻撃が激化して、両国の安全に深刻な影響をおよぼすほどになった。この地域では他にもコミュニティー間の紛争の悪化、道路での略奪などが行われることから、ウガンダ国内でも立ち入りにくい場所の1つになった。

このカラモジャ地方に焦点をあてた武装解除(非武装化)の試みは、植民地からの独立前にさかのぼる。古くは1945年に始まり、1950年代、1960年代、1980年代に武装解除が実施された。近年では2001年と2005年にも実施された。近年行われた武装解除は、1999年のカラモジャ地方における集団間の対立と、隣接するケニアの集団との間で起こる家畜の略奪攻撃の悪化を受けて、2000年にウガンダ国会でカラモジャ地方を武装解除(非武装化)する決議が行われたことによる。第1段階として、2000年7月から2001年にかけて約7カ月間にわたり、コミュニティーによる武装

地図　ウガンダ共和国　カラモジャ地方

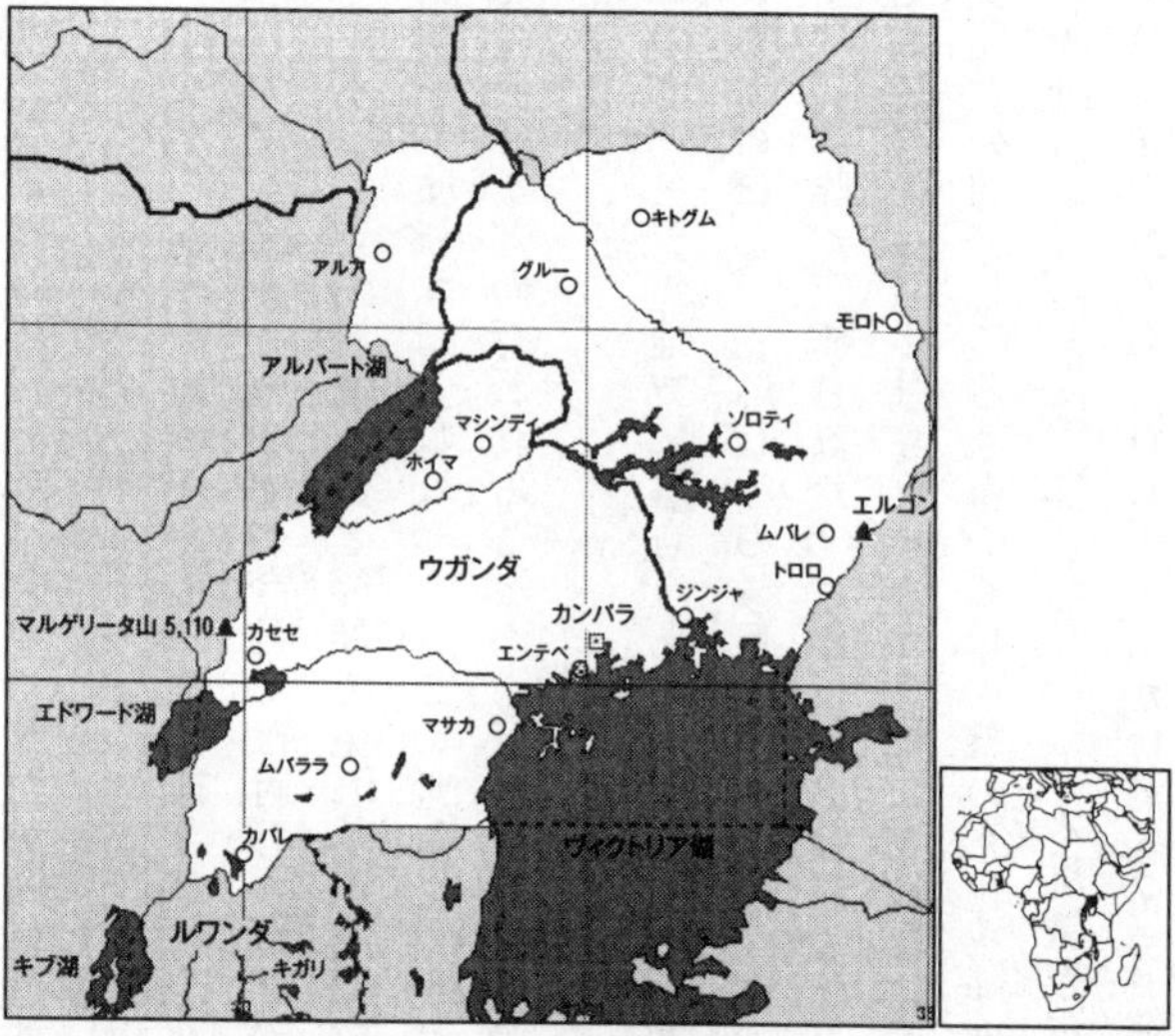

出所：http://www.ncm-center.co.jp（02/03/2012）

解除が実施された。この武装解除は、カラモジャ地方の多くの集団に支持されて始まった（Bevan 2008）。この最初の試みでウガンダ政府は、小型武器をわたす者にはこれまでの犯罪行為に対する言及は行わないという恩赦を与えるだけでなく、経済的財として、また安全保障の重要な手段であった小型武器への補償を行うことになっていた。人々は銃と交換に、耕作で使用するウシの鋤とトウモロコシ1袋を得られるように計画された。ウガンダ政府とカラモジャ地方のコミュニティーとの共同で行われたこの自主的な武装解除によって、6千丁以上の銃が回収された。その後、次の段階として強制的な武装解除へと移った。

強制武装解除の期間中、軍が個々の集団（コミュニティー）をまわり、男性をみつけると小屋に連れて行き質問を行う。連行された人々は、銃を返上したことが確認されるまで解放されなかった。この強制的な措置によって854丁の銃が回収された。しかし、自主的に小型武器を返上した者たちが含まれる地域でも強制的な措置が行われるなど、第2段階でとられた措置には問題が多かった。この期間中、武装グループと軍の間で頻繁に衝突が起こった。たとえば2002年5月、武装解除に反対するカラモジャの武装グループが、19人のウガンダ政府軍関係者を殺害した。報復としてウガンダ軍は、カラモジャ側の家に火をつけて武装勢力側の13人を殺害して、武器を回収した。このときの政府による武装解除（非武装化）では、当初予定されていた武器返上の補償であるウシの鋤などは、小型武器を返上したすべての人にいきわたらなかった。

2002年、反政府勢力である「神の抵抗軍」の攻撃が西部地域に広まり始めると、ウガンダ軍はカラモジャ地方を後にした。これによって、武装解除された集団は近隣の部族からの攻撃を受けることになる。たとえば、武装解除がそれほど行われなかったジエはボコラを攻撃した。ウガンダのテペス族はケニアのポコトに加わり、ボコラを攻撃した。

2005年から2006年にかけて行われた武装解除では、ウガンダ政府軍とカラモジャ地元戦闘グループとの間で激しい戦闘が行われ、多数の死亡者と家畜の犠牲をだす結果になった。

武装解除という名の暴力

武装解除や武器の回収というと、無条件に良いイメージをもつかもしれない。しかし、どのように行われるべきか決まった方法が確立されていないことから、カラモジャ地方で行われた武装解除と武器の回収のように、それぞれの国の状況によって、またそれを主導する者によってどこでどのように行うかが決定されるのが一般的である。これまでアフリカの角で各国の政府によって行われた武装解除や武器の回収についても、国によって実施の方法は異なるが、共通してみられる問題も数多い。そうした問題の1つは、武装解除や武器の回収という行為のもとで行われる人権侵害と暴力行為である。

スーダンとの国境に接するエチオピア南西部にあるガンベラ州は、5つの民族が暮らす地域である。ここは、長期にわたって紛争状態にあるスーダン南部地域から逃れて流出する人々のために国連難民キャンプがおかれている州である。また、この地域は石油埋蔵の可能性があり、エチオピア政府が開発をもくろむ地域でもある。このガンベラ州はアヌアク族とヌエル族が最大の集団で、ウガンダやケニアの乾燥地域にみられる集団間の対立のように、土地と資源をめぐって対立を繰り返している。エチオピア政府は、2004年に採択されたナイロビ議定書の一貫として、一般市民の銃の所有について何らかの措置をとることを宣言したことから、警察を含めてアヌアク族の武器の回収を行った。一方、エチオピア軍は、エチオピアとスーダン国境の両側の村々で銃の没収を実施した。しかし、この過程で、軍の関係者によって強かん、略奪および殺人などの行為が行われた（Dave, Gallant & Eisen 2006）。2006年4月から始まった武器の没収は、一般市民に対する殺害、財産の略奪と家の放火などの暴力に象徴されるものだったと報じられた（Sudan Tribute 2006）。

ガンベラ州のような例は珍しいケースではない。先に挙げたカラモジャ地方における武装解除でも、暴力的な行為がみられた。武器の回収において、人権侵害にあたる行為や暴力がみられる背景には、強制的に行おうとする政府や軍の姿勢がある。政府や軍が、武器の回収の目的を達成するために、そのプロセス（過程）において暴力を使うのである。

人々が国家機関に対して不信感を抱くのは、繰り返し行われるこうした行為によるところも大きい。回収される武器の数によって武装解除や武器の回収の成功をはかるならば、その手段はそれほど重視されないかもしれない。しかし、本来、武装解除や武器の回収は何のために行われるのか、その短期的な効果ばかりでなく、武装解除において行われる行為が長期的に社会に与える影響について考えるならば、暴力が伴う強制的な武器の回収は問題が大きい。事実、強制的に武装解除や武器の回収を実施した政府も、その効果について前進しているとは評価していない。つまり、回収された武器の数だけから評価しても成功したとはいえないのである。

このような武装解除や武器の回収に伴って行われる暴力だけでなく、目にみえない形の暴力も武装解除という名のもとで行われる。ノルウェーの社会学者であるヨハン・ガルトンは、貧困や抑圧などは社会制度や国際システムの所産だと考えて、人間の可能性が社会構造のなかで損なわれて制限されている状態について、構造が暴力をふるうととらえる。社会関係において、間接的に生命や人間の可能性を奪い去るような行為を「構造的暴力」と呼んで、制度や構造に内在した暴力の存在を指摘した。ガルトンの概念によると、政治、経済および社会活動の機会を奪われて周縁化される人々も、このような構造的暴力を受けていることになる。またガルトンは、直接の暴力や構造的暴力を正当化するために文化的要因（たとえば、人種、民族や言語の違いなど）を使う行為を「文化的暴力」と定義した。このようなガルトンによる「暴力」をめぐる定義を使うならば、警察や軍によって十分な治安の維持が行われない周縁化された地域において、特定の部族だけに行われる武装解除や武器の回収は、目にみえる物理的な暴力だけでなく、構造的な暴力と文化的な暴力も行われているといえる。周縁化される地域において強制的に行われる武装解除という行為には、さまざまな暴力が潜んでいる。人々は武装解除という名の幾多の暴力を受けることになる。

誰のための武器の回収なのか

武器の回収と処分は、DDRによって平和の構築を目指すものでも、武器の削減によって治安を回復して犯罪の予防を支援するものであっても、その地域の安定と安全に貢献するものであることが期待される。しかし、武器の回収は、その方法によっては地域を不安定にしてしまう。そのような例は多い。

2006年、南部スーダン自治政府は、地域の開発を進めるにあたって秩序の維持と法を重視する観点から、自治政府主導による上から（トップ・ダウン）の武装解除を実施した。2006年4月から、ディンカ・ボル族を対象に武器の回収が行われた。この結果、銃を所有するディンカ・ボル族が減少した。これによって、ディンカ・ボル族は、その周辺地域との力関係においては弱い立場におかれることになった。銃をもたないディンカ・ボル族は他の部族からの攻撃の対象となったのである。2006年6月、武装したロウ・ヌエル族がディンカ・ボル族を攻撃して家畜を略奪するとともに、ディンカ・ボル族の人々が殺害された。8月と11月には別の攻撃にあって50人が殺害された。このような状況を知る地域の部族のほとんどは、十分な保護を受けられる確証がなければ銃を捨てることをしなくなった。

先に挙げたエチオピアのガンベラ州でも、アヌアク族の武器の没収後、少数民族であるメルレ族がアヌアク族に攻撃を行ったことが報告された。ウガンダのカラモジャ地方でも同様に、武器をわたした集団が周囲の集団によって攻撃を受けることになった。

ケニアでは、これまで牧畜社会を対象にした武装解除が行われた。1980年代からみられるようになったその試みは、武力による強制的なものであった。このため、回収される武器の数は少なく、武装解除は、むしろ政府と牧畜社会との関係にも悪影響をおよぼすことになった。２００１年モイ大統領は、ケニア西部のリフトバレー州のウェスト・ポコト、マラケットおよびバリンゴの各県で、恩赦と交換に武器をわたすよう最後通告をだした。しかし、ウェスト・ポコト県の長老たちは、近隣のウガンダのカラモジャ地方では銃を使うことが許されている状況で、ポコトにおいて銃を所有せずに安全に暮らすことはできないと主張した。小型武器の返上がないまま恩赦の期間が終わった。その後、ウェスト・ポコト県で武器の返上を促すキャンペーンが行われた。このキャンペーンは、武器を返すことへの協力がなければ武器を没収するという政府の半強制的な態度を背景にして、ウェスト・ポコトの長老たちが中心になって実施した。２００６年ケニア政府は、リフトバレー州の北部地区の集団を対象に軍主導のもとで大規模な武器の回収を実施した。これは、その後、北東地域へと拡大した。この強制的な武器の回収の過程では、銃を保持している可能性のある者を強制的に逮捕するなど、人権を無視した行為が行われた。このため、人々が行き場を失って国内避難民が生じる状態に陥った。このときの武器の回収については、国会、市民団体の代表者、地元のリーダーたちからの批判が大きくなり、それ以降、ケニアではコミュニティー主導の戦略に切り替えることを余儀なくされた。２００６年、ケニアとウガンダの合意によって、両国による武器回収の同時実施、実施地域における法と秩序を確立するための協力、家畜への焼印、社会的インフラの整備などを行うことを決定した。最終的には、国境付近においてケニアとウガンダによる共同安全保障プログラムを行う方向へと変換した。

部族間の対立が頻繁であるアフリカの角において、すでに広まった小型武器を一部の部族や地域から回収することは、周辺地域に暮らす部族との関係に変化をもたらす。したがって、武器を回収した地域の安全について、政府や国家機関によって巡回や武力による攻撃への予防策がとられなければ、小型武器をもたない人々に対する暴力や略奪へとつながる。すべての小型武器を一度に回収することはありえない。そうであるからこそ、その対策は難しい。先に述べたように、武器の回収は最終的な終着点ではあるが、これまで政府を中心に行われたのは牧畜社会にみられる社会関係を反映したものではなかった。強制的に行われる武器の回収や武装解除は、当該地域の人々の現状とニーズにみあったものではなかったのである。

根本的な問題の解決がないままに

先に挙げたアフリカの角で行われた武装解除、非武装化、武器の回収などの試みは、幾重にも重なる暴力である。アフリカの角における小型武器をめぐる状況は、国家権力による暴力と集団間に広まった小型武器による暴力の2種類がある。しかし、国家による武装解除や武器の回収の結果生じる集団間の関係の変化が、部族間や集団間に暴力（攻撃や襲撃など）をもたらす場合、その暴力は部族間関係や集団間関係ではなく、国家のポリティックスにおいて理解されなければならない。いいかえるならば、武装解除や武器の回収は、国家のポリティックスのもとで生じる部族間や集団間の暴力への対策なしには、その本来の目的、つまり犯罪や暴力を減らし、地域の安定を達成することは難しい。実際、カラモジャ地方での武装解除において回収される小型武器の数が低いのは、ウガンダの反政府勢力である「神の抵抗軍」によって行われる近隣のコミュニティーからの攻撃を防衛するに十分な手段がないこと、小型武器がこの地域に流入するルートを効果的に止めることができないことがある。ウガンダ政府の武装解除を避けるために、国境を越えてケニアへ小型武器を移すこともある。アフリカの角で人々が武器を携えることになる根本的な原因の解決が行われないまま実施される武器の回収は、むしろ逆効果をもたらしているのである。

２００２年にケニアの国会議員となり、２００４年ノーベル平和賞を受賞したワンガリ・マータイは、２００６年4月、ケニアの北東部とその周辺地域において行われる武装解除について、「無駄なとりくみである」と明言した（Mkutu 2008）。その理由についてマータイは、武装解除のとりくみは、その対象となる地域の集団間に生じる紛争を解決するものではないことと、問題となる地域の平和は、政府がその地域の人々が直面している問題の根本的な原因を追究して対策を行ったときに達成されるからであると述べた（Daily Nations, 14 May 2006）。紛争が続くソマリアにおける状況は、マータイが指摘することを象徴するものである。

ソマリアでは、武装解除と武器の回収が一時的に成功しても、それは根本的に武装勢力の動きや小型武器の流入を止めるものではない。ソマリアにおける武装解除は、さまざまな方法で何度も行われた。１９９１年のソマリア崩壊後、１９９３年の第2次国連ソマリア活動（UNISOM II）では、武力紛争を減らして平和と安定を確保するため、ソマリア側の武装グループへの強制武装解除が行われた。この試みは、最終的にはソマリア側の武装集団による国連軍の殺害、その後国連の撤退へとつながった。２００４年のソマリア暫定連邦政府樹立後に短期間に実施された武装解除によって、大量の武器が回収された。このときの武装解除では、反政府勢力であるイスラム法廷連合に放置された武器を回収することと、一般市民の手にわたった大量の重兵器の回収が行われた[4]。2007年1月、ソマリア大統領は、すべての一般市民が武装解除して武器を政府に返上するために3日間を与えることと、回収された武器は登録されることを宣言した。また、今後の武装解除についての話し合いがもたれた。首都のモガディッシュでは武装勢力の指揮官も現れ、600ほどの武器が政府によって回収された。しかし、継続する武力紛争とソマリアに流入する小型武器の数を考えると、回収による効果は期待できない。武力紛争と崩壊した国家という双子の問題の解決と、より持続的な武装解除が必要であることは明らかである。

砂漠のオアシス

2011年、ナイロビに拠点をおくスウェーデンの開発協力機関で働くケニア人の友人から、小型武器の回収が比較的うまくいっている例について話を聞く機会があった。ソマリアの北西部、ジブチとエチオピアに接するソマリランドでの支援活動について聞いたときだった。ソマリランドの西部地域で開発支援を行う機関で働くその友人によると、テレビや新聞の報道でみるソマリアの首都モガディシュの状況とは対照的に、ソマリランドの中心都市であるハルゲイサでは、治安は安定し、この地域の他の国と比較しても銃の管理は良いという。

1980年代に始まるソマリアの内戦では、ソマリアのバーレ政権がソマリランドのハルゲイサに反政府勢力の拠点があると主張して一方的な攻撃を行った。1991年のバーレ政権の崩壊後にソマリランドが独立宣言を行った後も、ソマリランドの内部では武力抗争はまだまだ続いていた。また、埋められた地雷によって生活が困難な状況だった。20ほどの部族が存在するソマリランドでは、それぞれの部族が武装した民兵を抱え、モガディシュと同様に小型武器が溢れていた。当時、ソマリランドに存在していた小型武器の数は5万丁ともいわれる。現在では、民兵の手にあった小型武器と軽兵器の多くは、独立を宣言した政府の管理下におかれているという。

5万丁もの小型武器はどのようにして回収され管理されているのか、元武装民兵たちはどのように生活しているのか、疑問は尽きない。しかし、その答えはこうである。バーレ政権の崩壊後、一部の民兵は自主的に武装解除を行い市民生活へもどった。他方で、数千人の元政府軍と民兵が家族とともに存在する状況だった。こうした武装集団に武器を捨てさせる前に、まずは部族間の平和のための政治的イニシアティブをとった。最初にソマリランドでの戦闘をやめて和平について考え始めたのは、長老たちだという。1993年、ソマリランド西部の1人の長老が最初に和平のための話し合いを呼びかけた。それは、1980年代からの内戦とモガディシオからの攻撃など、もう戦闘はたくさんだという思いから始まった。そこで和平をどうすべきなのか、ソマリランドのすべての地域の長老を集めて、それについて話し合いをもつことを決めた。長老たちの話し合いは、和平の方法についてだけでなく、銃を国（ソマリアからの独立を宣言した政府）に返すこと、民兵をどうするかなどについても含まれた。結局、民兵を軍や警察にすることで構想ができあがり、話し合いが終わった。しかし、最初の武装解除は失敗だった。民兵を統合して国軍をつくることを知らせたが、ソマリランドの東部と西部の部族間で対立がみられ、一時は戦闘状態に陥るほどであった。和平の努力が続くなか、部族の長老と政治リーダーたちによる話し合いが続けられた。和平はもちろん、民兵たちに銃をわたすよう説得するのは難しく、民兵が銃を手放すまで長老たちによる話し合いは何度も開かれた。アフリカの角の他の国でも同じであるが、この地域では、小型武器を手放すことは体の一部を取り除くようなものである。もちろん、銃は自らの安全を守るためのものでもあるが、銃に付与された

「男らしさ」や「強さ」といった文化的な意味合いが大きいからである。

1993年6月には、ソマリランド国家武装解除委員会（NDC）が、国連開発計画（UNDP）とジンバブエからの元戦闘員による助言チームの支持を得て設立された。このNDCの設立の背景には、すべての部族が武装解除のプロセスに含まれることと、1つの部族のみを対象にした強制的な武装解除にならないようにするための意図があった。このようにNDCがすすめた武装解除は自主的で、すべての部族に対して均等に行われた。また、この過程では、地元のNGOやコミュニティーに基盤をおく団体が「ノー・ガン（No Gun）」キャンペーンを行い、町や露店、キオスクなどにこうした表示を行ったり、女性や宗教代表者が武器を携帯することに反対するデモを行ったりした。

各部族の長老は、自らの部族の民兵に武器を返すよう説得した。民兵は、軍と警察、刑務所の看守に吸収されるか、小型武器を軍にわたして民間に戻ることが決められて、最終的に約3万人の民兵が武器をわたして民間に戻った。残りの2万人がソマリランド政府の安全保障部門に入った。小型武器の回収には、ソマリランドの独立を宣言した政府からの相談を受けて、国連開発計画（UNDP）が計画と実施の方法などを担当した。また、警察に吸収された民兵に対する教育もUNDPが担当した。2002年までには、民兵の手にあった小型武器の多くが回収された。武装解除と軍の安定を含め、ソマリランドの年間予算の約50％にあたる額が治安の維持と安全保障に費やされているが、比較的安定した状況が確保されている。

その後もソマリランドでは、武器の回収とＤＤＲが継続的に行われている。２００６年から２００７年にかけて、ＵＮＤＰとソマリランドの独立を宣言した政府が設置したＮＤＣに加え、地元のＮＧＯの協力によってＤＤＲが実施された。このＤＤＲでは、自主的な武装解除を促して、武器をわたした元戦闘員が社会生活へ戻れるよう、職業訓練や教育を受けたり、小規模なビジネスを始めるための支援が行われた。また、このＤＤＲは、同時期にソマリランドと紛争状態であったプットランド（ソマリアの一部でソマリランドの東に位置する地域）においても実施された。プットランドでは、２００５年、自治政府の事実上の大統領がＤＤＲの実施を宣言してすべての人々に参加を呼びかけた。ソマリランドとプットランドにおけるＤＤＲは、両地域の間で継続する小規模な武力衝突のもとで、国軍や警察などの安全保障部門の建て直しの一部として行われるものであった。国連と援助国を中心にした支援には、銃の管理のための訓練、警察の訓練などが含まれる。

このように武装解除と武器の回収が行われてきたが、まだまだ課題も多い。ソマリランドでは74％が家に武器を所有していることが明らかになっており、今後も武器を減らすためのとりくみはすすむ。２００７年には、ＵＮＤＰの支援により、試験的に一般市民の所有する小型武器の登録が行われた。

ソマリアのモガディシュではどこでもみられる小型武器が、今日のソマリランドのハルゲイサの街ではほとんどみられないという。多くの人が、モガディシュと比較すると、同じ国だとは思えないと驚くほどである。一般に目にする小型武器の数だけではない。警察などの国家の安全保障部門による小型武器の管理も徹底している。ハルゲイサでは、警察官は勤務を終えると、職務で使用する銃を警察本部に返納する。翌朝、また受け取りにくるシステムである。日本では普通に行われることであるが、アフリカの角ではどの国でも銃は自宅にもち帰り、管理するシステムはない。アフリカ大陸のほとんどの国で、銃を管理するシステムはないのが普通ということである。

近年のソマリランドでは、小型武器がある程度、管理されるようになったことから、国連、ヨーロッパなどの開発支援機関との協力によって、裁判官、弁護士などの養成が進む。不足する学校教諭を増やすこと、女性の警察官の訓練なども行われる。ソマリランドは、ソマリアの暫定政府とは距離をおいている。２００４年、ケニアで開かれたソマリア暫定政府との話し合い以降も、ソマリランドの代表は、ソマリランドの自治をゆるがすことを懸念して、これまで通りの姿勢を続ける。貧困や雇用の問題は広まっているが、商業活動も行われている。もちろんソマリランドでも、窃盗や略奪のような行為や外国人を狙った誘拐などの民兵による活動がみられる。しかし、小型武器が氾濫したモガディシュとは異なる様子である。国家として認められてはいないソマリランドであるが、国づくりが進む。そのソマリランドで最初に行われたのが小型武器の管理だったことは、周辺国を含めて学ぶところは多い。

武器の回収に必要なこと

ケニアのナイロビや牧畜社会における武装解除や武器の回収は、スーダンやソマリアのように明らかな武力紛争を経験した国の武装解除でターゲットとされる元兵士や元戦闘員などとは様相が異なる。武装解除と武器の回収だけでは、犯罪グループを減らしたり農牧民社会の生計を向上させることはできない。しかし、武力紛争地であれ牧畜社会であれ共通することは、小型武器が広まった社会では、安全について、国家と地域の開発について、政治と司法の機能について、人々の経済的機会について包括的に見直す必要がある。

つまり、武装解除や武器の回収は、新たな社会の再構築のプロセスととらえられる。武力紛争を経験した国においてDDRは、まさにそうした社会の再構築を体現するプロセスとして行われるものである。しかし、牧畜社会のように、大規模な武力紛争状態ではないが、対立を繰り返す状況において、人々の武装を解除することや武器を回収することは、DDRにみられるような社会の再構築という観点からとらえられることは少ない。今日、アフリカの角の各国が武装削減と武器の回収において期待するほどの効果を得られない理由は、単に、いつどのように行うのかという技術的な問題よりも、武器の回収を、望ましい社会を体現するための国づくりや社会づくりの一端としてとらえていないことにあるのかもしれない。

このようなアフリカの角の各国政府によるとりくみの数々の失敗とは対照的に、ソマリランドの武装解除は2つの点において異なる。1つは、何よりも、武装解除のプロセスが人々の側から始まったことである。国連や他の組織が指導したものではない。自ら戦闘をやめて武器を回収するための方法を考えたのである。アメリカの政治学者ウィリアム・ザートマンは、紛争の解決と平和の達成に必要なのはタイミングであり、当事者が解決を望むとき、つまり「熟した瞬間（とき）(ripe moment)」であるという（Zartman 1989）。

ザートマンが指摘するような例として挙げられるのが、インドネシアのアチェ州の武力紛争とスリランカの内戦の終焉などである。アチェとスリランカでは、戦闘の終焉は、もう暴力と人々の犠牲をみるのはたくさんだという声が高まっていたときと重なるという。武器の回収や武装解除においても、同じことがいえるのかもしれない。人々が、小型武器を使うのはやめよう、そうすることが自らとその周囲に必要なことだと考えるとき、その効果が期待できるということである。

ザートマンは、「機が熟す」ことはあくまでも解決に必要であるが、それだけでは十分でないと付け加える。「機が熟す」というのは認識のうえでのことであり、具体的な解決ではない。具体的な解決策はそれに伴うものであるという。つまり、機が熟したときに解決へ向けた具体的な策が提示されることが必要である。そしてそれを実行する能力が必要なのである。実際、ソマリランドの長老たちは、戦闘はもうたくさんだという認識から、戦闘をやめて新しい社会をつくるための具体的な方法を考えた。その最初の策が、銃を政府に返すことであった。そのために必要になる民兵の社会への復帰などについての解決策が考えられたことは、紛争の解決や平和の理論にもかなっているのである。

2つ目の点は、ソマリランドでは、小型武器を政府に返すこと自体が目的ではなかった。崩壊して内戦が続く国家の一部としてとどまるか、自分たちの平和な社会をつくるかという選択肢のなかで、平和な社会をつくることを選択した。その平和な社会をつくるための一環として武器の回収が考えられた。そうであるからこそ、武器の回収のためには、安全な社会を体現するための警察、軍、司法システムの建て直しが必要だった。そうした広い意味での社会づくりや(国家としては認められていないが)国づくりの一端に、武器の回収があった。粘り強い民兵との交渉も、そうした国づくりのプロセスに位置づけられたのである。ソマリランドの長老による決定は画期的であった。すべての国に同じことを期待することはできないが、小型武器の問題にとりくむとき、ソマリランドの例からさまざまなヒントを導き出せる。

ソマリランドを例に挙げると、「機が熟す」までは何もしないで放っておくのかと疑問をもつかもしれない。しかし、思いがけず、そうした「機が熟す」ときを迎えることになる可能性もある。ザートマンを含めて多くの論者は、「機が熟す」よう促すために、周囲ができることはたくさんあると考える。たとえば、武力紛争地域への武器の供給を止めることも、そうした機を熟すことを促すものであるという。武装解除する人々の、武器を使うことは自らと周囲にとってそれほど有益ではないという認識は、周辺から受ける影響によって生じることもある。そうした影響を与える外部からの働きかけを行うことも可能だというのである。

武器回収の神髄

本章で例に挙げたスーダン、カラモジャ地方、ナイロビは、それぞれ小型武器の問題に悩まされる地域である。もし、読者が小型武器にとりくむ政策を決定する立場だったら、これらの地域の武器の回収や削減をどのように計画するだろうか。武力紛争は終焉を迎えたが、まだまだ予断を許さないスーダンでは、戦闘員や兵士の武装解除を行い武器の回収をするＤＤＲを考えるかもしれない。武力紛争からそれほど経っていない国や地域では、武装解除と武器の回収はいずれかの時点で行わなければならないものだからである。カラモジャ地方ではどうだろうか。先に紹介した例にもみられたが、一部の地域を対象に武器の回収を行うことによって犠牲者を生む可能性がある。カラモジャ地方と隣国のケニアの国境地域一帯の人々の武器の回収を同等に一気に行わなければ、武器の回収によって部族間の暴力をもたらすことになるかもしれない。一方、ナイロビのような都市では、犯罪に使用される小型武器を減らすために何を行うだろうか。小型武器の規制を厳しくして、一般の人々が所有する小型武器を減らすだろうか。犯罪や暴力集団によって治安が悪いにもかかわらず警察が取り締まりを行わないところでは、そのための対策も不可欠である。こうした3つのまったく異なる背景と現状を考えると、「武器の回収」といっても一筋縄ではいかない。

武器の回収によって社会にもたらされる影響は、ときに暴力という形で現れる。牧畜社会では武器の回収が往々に集団間の暴力へとつながる。これは、小型武器が暴力という手段によって他者に対する優位を保障するものとして存在しており、その有無が社会関係に大きく影響するからである。先の章でみたように、小型武器は、人々の生計、日々の安全、社会関係にかかわりが深い。そうであるから、武器の回収はタイミングや方法によっては、これらに与える負の影響も大きいのである。つまり、武器の回収は多方面に影響をおよぼす諸刃の剣なのである。このことは、武力紛争を経験した国で行われるDDRも同じである。DDRと小型武器の回収は、武力紛争終焉後の復興や開発支援ともつながりが大きい。いいかえるならば、DDRと武器の回収が成果をみせないとき、復興や開発支援にも多大な影響を与えるということである。武器の回収が失敗するとき、もっともマイナスの影響を受けるのが、それを計画する当該国政府や国際機関ではなく、援助各国でもなく、研究者でもなく、その計画や実施に何ら携わらなかった地元の住民であることを忘れてはならないだろう。

一般市民に広まった小型武器については、その回収ばかりでなく管理を必要とする。DDRも武器の回収も、新たな社会の構築にかかわるという意味では、より広い意味での社会の再建のために行われる多数の課題のなかの1つである。しかし、大規模な武力紛争を経験していない地域に広まった小型武器の回収と管理については、国際的に行われるDDRのように、警察や軍などの安全保障部門の見直しと信頼回復までに至らないことのほうが多い。アフリカの角のように、大量の小型武器の流入により治安の悪化や犯罪の増加する地域での小型武器へのとりくみの難しいところでもある。

ソマリランドの例からもわかるように、小型武器の問題に挑むことは、本来、人々が求める社会を実現するための活動の一端であり、当該国の政府はもちろん、国際的に行われる平和活動も、そうした社会づくりの一端を担うということになるのである。国際的な平和活動による支援では、問題は当該国ばかりでなく支援者側にも過分にみられる。決して単純な課題ではないだけに、単なる批判の対象ではなく、支援を行う側も自己批判を続けていかなければならないのであろう。

2章から本章までに概観した、アフリカの角に広まった小型武器の問題とその背景にも示されたように、武器の回収が必要になる状況は多様であり複雑である。「武器の回収」は常に無条件に良いことにはならない。状況にみあったタイミングで、地域のニーズと自主性に沿うという条件のもとで行われるとき、私たちがイメージする「平和」に貢献すること、もしくは「必要なこと」になる。そうした注意深い精査が必要なのである。

註

（1）「アフリカ連合」は、アフリカの53カ国・地域が加盟する地域機関。本部はエチオピアの首都アディス・アベバにある。1963年に設立された「アフリカ統一機構」から発展改組されて2002年に発足した。

（2）ナイロビ議定書の参加国は、2012年の段階で15カ国になった。

（3）カラモジャとは、カーボン、コチド、アビム、モロト、ナカピリピリット、ナパック、アムダットという7県のウガンダ北東部乾燥地をさしている。カラモジャという行政区分は存在しないが、ウガンダではこの地域をカラモジャと呼ぶ。

（4）イスラム法廷連合は、モガディシュのイスラム法廷11カ所が結成した反政府勢力である。イスラム法に基づく裁判、住民自治、警察軍隊などをもつ。ソマリア南部の州を実効支配する。

第5章　悩める国際協力

１９９０年代、紛争後の国において小型武器を回収する試みが行われる一方で、国際的に小型武器の氾濫に対処するために何らかの規制が必要であることが議論され始めた。小型武器の削減と規制のための国家間の合意を目指すものである。この国家間の合意へ向けたとりくみが始まる背景には、国際機関と国際的に活動するＮＧＯの存在があり、今日の小型武器の規制をめぐるプロセスにおいても重要な役割を果たすことになる。本章では、この小型武器の規制をめぐる国家間の動きを中心に、国際機関、ＮＧＯや民間団体を含めた動きを通して、小型武器に挑む国際協力について考えてみたい。

「ミクロ軍縮」の始まり

国連はその創設以来、平和維持活動（ＰＫＯ）など、多くの地域で平和に貢献するための活動を行ってきた。冷戦後、国連の役割をみなおすなかで、1992年、当時の国連事務総長ブトロス・ガリは、冷戦後の平和と安全の維持における国連の役割について述べた『平和への課題』と題する報告書を出した。この『平和への課題』では、冷戦後の国際社会において国連が果たしうる役割として、当事者間で対立が発生するのを予防する活動、あるいは、対立が他へ普及するのを防止する活動（予防外交）、平和的な手段によって敵対する当事者に合意をもたらすためのとりくみ（平和創造）、国連ミッションの現地への展開で、すべての当事者の合意を受けて展開し、紛争予防と平和創造の双方の可能性を拡大するための技術（平和維持）と、和平協定によって回復された平和を保ち、紛争が再発することを防ぐために平和を強化、定着させるのに役立つ構造の構築を確認および支援する行動（紛争後の平和構築）を挙げた。これらの役割を国連が果たすことによって、冷戦後の国際社会の平和と安全の維持に貢献することを構想した。しかし、その後の国連による活動では、大規模な大量殺りくの被害を防ぐことができなかったり（ボスニア）、武装勢力との交戦の結果、撤退を余儀なくされたり（ソマリア）と、国連の平和活動の限界が明らかになった。このことから、ガリ事務総長は、1992年の『平和への課題』をみなおし、1995年、『平和への課題：追補』と題した報告書を出した。

1995年の追補では、国連憲章が予定していた国連の役割や機能と、それまでに国連が実施してきた平和維持活動（PKO）を冷戦後の国際社会でどのように活用するのかという視点から軌道修正を行った。この『平和への課題：追補』では、「平和構築」は、武装解除、小型兵器の管理、制度的改革、警察・司法制度の改革、人権の監視、選挙改革、および社会・経済開発を含む概念であり、その範囲は紛争後に限定せず、ある意味、紛争の予防にも貢献するという考えから、紛争の予防としての役割もあると修正された。

この1995年の『平和への課題：追補』のなかで、ガリ事務総長は、冷戦後、政情が不安定な途上国への武器の流入がみられることを指摘し、小型武器と対人地雷に対応するため、「ミクロ軍縮」を進展させることの重要性を訴えた。この「ミクロ軍縮」とは、数十万人の命を奪っているとされる小型武器と対人地雷に関する実際的な軍縮を意味する。「軍縮」とは、軍備の縮小のことで、戦略的に安定を実現することを目的に、軍隊のもつ兵器、装備、人員などの削減もしくは撤廃を行うもので、国家の財政負担を減らす意味もある。核兵器をはじめとする大量破壊兵器をめぐる軍縮については、聞いたことがある人も多いかもしれない。もともと、大量破壊兵器や過度に苦痛を与える特定の通常兵器は「軍縮」の対象であり、これまで、これらの兵器の廃絶や禁止について国際的な合意が形成されてきた。「ミクロ軍縮」の対象の1つとされた対人地雷の規制については、すでに、1980年から議論が始まっていた。これは、対人地雷が過剰な障害または無差別に効果をもたらすと認められることから、こうした兵器の使用を禁止または制限するための特定通常兵器使用禁止制限条約（CCW）に含まれた。その後、対人地雷については、CCWにおける規制の強化から、さらに全面禁止とするオタワ条約（後述）のプロセスへと進む。こうした状況から、「ミクロ軍縮」では、これまで国際的な規制の対象にならなかった小型武器が焦点になる。

「ミクロ軍縮」は、それまでの伝統的な軍縮のように戦略的安定の実現を目的として行われるものではなく、広い意味での「平和構築」のプロセスの一部としてとらえられるものである。国連も、軍備管理、武装解除、元兵士の社会復帰を、平和と開発を実現するための一連のプロセスとして「ミクロ軍縮」をとらえるべきであるとしている（2000年安全保障理事会議長声明）。つまり、ミクロ軍縮は、兵器の規制だけではなく、兵器の管理、先の章で紹介した武装解除と兵士の社会復帰のための活動、治安部門の改革など、軍縮を可能にするさまざまな活動に関連するもので、国際平和活動の一貫として位置づけられる。

「ミクロ軍縮」がこのような位置づけになったのにはいくつか理由がある。1つは、冷戦後の武力紛争の多くが国内紛争であり、交渉や仲介など、それまで行われてきた紛争解決の手法が効果的ではなかったことによる。こうした国内紛争において中心的役割を果たす小型武器の規制が有効であると考えられた。2つ目には、小型武器のように先進的でない兵器に関して、すべての国が脅威を感じるものではなかった。途上国における国内武力紛争や、そこで問題になる小型武器について、当事国とその周辺国以外の国が、自国や国際的な安全を脅かされるととらえることは、現実的にはほとんどなかった。小型武器の問題を世界的なとりくみの対象とするには、何らかの動きが必要だったのである。「ミクロ軍縮」が提唱される背景には、このような途上国における国内紛争の解決でみられた限界と、各国の安全保障に関する認識に生じるギャップに対応する必要があったといわれる（佐藤　2003）。また、小型武器と軽兵器による被害とその脅威に対応するためには、貧困や人々の労働状況などを含めて包括的にとりくむ必要性がいわれるようになったことである。こうした議論の背景には、グローバル化の深化と、人間をとりまくさまざまな脅威（紛争、貧困、格差、犯罪）について、人間1人ひとりの観点から対応しようとする「人間の安全保障」概念への認識が高まったこともある。このような「ミクロ軍縮」にかかかわるのは、国家や国際機関だけでなく、ＮＧＯ、メディア、研究者などの多様なアクターである。また、軍縮問題に関心のある団体ばかりでなく、平和構築に関連する人道、開発、平和、女性、子ども、宗教問題などに関心をもつ多様な団体がかかわるものになった。

１９９４年のマリ政府からの小型武器の違法な取引の防止と収集のための支援の要請と、１９９５年の「ミクロ軍縮」の提唱から、国連では小型武器への関心が高まった。しかし、国連においても、小型武器の実情に関する十分な情報の収集が必要であった。このような理由から、１９９６年、16カ国の政府専門家からなる「国連小型武器政府専門家パネル」、１９９８年、23カ国からなる「国連小型武器政府専門家グループ」を設置し、小型武器の問題についての検討と勧告を行った。１９９７年に小型武器政府専門家パネルに提出された報告書では、小型武器の定義、これらの過剰な蓄積と流通が問題となる地域を中心に、武器を削減するための措置と、将来、過剰な蓄積と移転が起こらないための措置について提言が行われた。

冷戦後の解決が困難な紛争と小型武器の氾濫を懸念して、国連は、この「ミクロ軍縮」をすすめることに積極的だった。１９９８年10月には、国連安全保障理事会による決議において、小型武器の蓄積と違法な移転が、とくにアフリカ諸国と国際安全保障を脅かしており、各国の発展の妨げになっていることが指摘された（決議 1209）。このことから、各国の輸出管理を行い、輸出入を規制することを勧告している。こうした一連の動きを踏まえて開催されたのが、2001年の国連小型武器会議だった。

国連小型武器会議「行動計画」のジレンマ

2001年7月、ニューヨークの国連本部で小型武器会議が開かれた。この会議では、それまでに提唱された小型武器の問題に関する課題と、すでに行われたとりくみを統括する形で国際的なとりくみの方向を示した。会議の終わりには、この会議を機に、各国がとるべき「行動計画」（正式名は「小型武器・軽兵器非合法取引防止に向けた行動計画」）を採択した。

この会議と「行動計画」では、小型武器が国家、地域、世界のレベルから、平和、和解、安全、持続的な発展に深刻な脅威を与えており、小型武器によって引き起こされる人道的および社会経済的な問題について述べられた。その一方、国連憲章に基づいて、それぞれの国が有する個別的および集団的な自衛の権利を認めることが示された(1)。したがって、それぞれの国が自衛と安全保障のために必要になる小型武器の製造、輸入、そして保有を認めることを明確にした。これによって、小型武器の問題への国際的なとりくみは、「非合法」な小型武器の削減と、これらの「非合法」な流通の防止が焦点になった。つまり、国連を中心に行われる国際的なとりくみは、小型武器の「禁止」や「廃絶」を目指すものではない。合法な小型武器を認めつつ、必要な管理（より良いコントロール）を行うことを目指すものである。

「行動計画」は、合計4章85項目からなるもので、次の3つを行うことが示された。①非合法取引に関する具体的な措置をとる、②国際協力と支援を実施する、③行動計画のフォローアップのための措置として、2006年までに行動計画の履行状況を確認することである。このなかで、とくに注目される点は3つある。1つは、「行動計画」の実施には、まずは国家に責任があることについての認識が示されたことである。非合法取引に関する具体的な措置については、国家レベル、地域レベル、世界レベルのそれぞれにおいてとるべき施策について示されたが、地域および世界レベルによって国家レベルのイニシアティブを補完する体制である。したがって、「行動計画」では、国内法を整備することや国家の行動規範を充実することが強く求められている。もう1つは、小型武器と軽兵器の問題に対応するために、市民社会、とくにＮＧＯとの協力が不可欠であることが示されたことである。小型武器と軽兵器の回収を行う場合など、紛争後の国や地域において行われるプロジェクトの多くは、政府とＮＧＯのパートナーシップによって実施されなければならない。したがって、ＮＧＯとの協力が強調された。もう1つは、「行動計画」において具体的なフォローアップの計画が盛り込まれたことである。フォローアップには、主に4つが含まれる。1つは、遅くとも２００６年までに再検討のための会議を開催すること、2つ目は、「行動計画」の実施を検討するための会議を2年ごとに開催すること、3つ目は、非合法な武器の追跡についての法的な規制のための研究を実施すること、4つ目は、小型武器の問題に対処するための国際協力を促進する手段を検討することである。

「行動計画」は、会議に参加した国が、国内の法律を整備して非合法となる取引や保有を防ぐための行動をとるよう一連の措置を約束したもので、何か新しい制度をつくったり、規範を制定したのではない。「行動計画」は、あくまでも政治的文書である。これが意味するのは、本来、すべての参加国が「行動計画」の内容と実施について採用することを認める場合（コンセンサスがとれた場合）、この「行動計画」を正式な法的拘束力をもつ（それに従う義務がある）協定や条約として位置づけることができるが、すべての参加国の一致がみられなかったことから、最終的には政治的文書にとどまったということである。つまり、「行動計画」は、参加国が妥協できた最低限の共通認識を示し、その共通認識に基づいて小型武器に対するとりくみのための行動を始めるという国際的な政治的意思を示したものである。したがって、この「行動計画」への評価は大きく分かれる。最低限の共通認識を示したに過ぎない、何の実効力もないものと酷評するものもあれば、これまで国際的なとりくみの意思がなかった領域でのはじめての国際的な意思表明であると評するものもある。

国連小型武器会議では、これまでに行われた他の兵器の軍縮に関する会議や議論とは異なる点もいくつかみられた。1つは、小型武器の軍縮が、「人間の安全保障」や「人間の尊厳」を守るために必要であると示されたことである。軍縮に関する議論が「人間」に焦点をあてることは、これまでみられなかった傾向である。2つ目は、この会議で、アフリカ諸国が大きな役割を演じたことである。

「行動計画」の採択は、小型武器に対するとりくみの終着点ではなく、今後、継続して行われることになる小型武器の管理と規制の出発点であることについて共通の認識が打ち立てられた。したがって、「行動計画」のフォローアップは、今後の小型武器へのとりくみを左右するものである。「行動計画」に示されたように、各国でどのくらいのとりくみが行われたかについて報告する中間会合が、これまでに2年ごとに4回、「行動計画」の履行検討会合が6年ごとに2回、専門家会合が2回開かれた（2012年6月時点）。145カ国が小型武器の問題に関する連絡窓口を設け、141カ国が「行動計画」に関する報告書を提出している。

会議は踊る、されど…

2001年の小型武器会議のフォローアップの1つとして、2006年6月から7月にかけて「行動計画」の履行状況の検討と行動計画の改訂を目的とする会議（正式名は、「国連小型武器行動計画履行検討会合」）が開かれた。しかし、この会議は成果のないまま、成果文書を残すこともなく終わった。このとき、「行動計画」は引き続き履行していくことが改めて確認されたが、この会議で議論された内容は合意には至らなかった。また、2006年以降の小型武器についての会議をどうするかが決まらず、「行動計画」の履行は、事実上、先行きのみえないまま各国の責任において行われることになった。

この会議で意見がまとまらなかった点は3つあった。①市民が軍用小型武器を所持することを規制するかどうか、②反政府ゲリラなどの非政府団体に武器を供給することを規制するかどうか、③弾薬や携帯式の対空ミサイルを小型武器の範疇にいれるかどうかだった。とくに最初の2点の規制については、強く反対する国があった。これらの2点については、2001年の国連小型武器会議での「行動計画」の採択にあたっても議論された点である。このとき、アメリカのジョン・ボルトン国務次官は、「我々は小型武器と軽兵器の合法な製造と取引を制限する措置を支持しない…我々は一般市民による小型武器の保有を禁止する措置を支持しない…我々は小型武器と軽兵器の取引を政府のみに限定する措置を支持しない…」と述べて、アメリカは拘束力をもつ協定には同意しないと宣言して参加者を驚かせた。

ボルトン国務次官の発言にみられるように、アメリカが最初の2つの点の規制について削除することを求め、一時は「行動計画」の採択が危ぶまれた。最終的に、会議で積極的な役割を演じたアフリカ諸国がアメリカの削除の提案に同意して「行動計画」が採択された。つまり、これらの2点については因縁の議論だった。

アメリカのボルトン国務次官にいわせると、反政府ゲリラなどの非政府団体に武器を供給することを規制すれば、圧制や虐殺を行う政府から身を守ろうとする非国家グループへの支援を妨げることになるということである。国務次官だけでなく、アメリカの銃支持派のロビー団体からすると、小型武器の問題について国連で議論すること自体、銃を所有することを認める合衆国憲法を脅かすものだった。こうした団体は、会議の前から抗議文書やメールを送るなどさまざまな反対行動をとった。このようなアメリカの態度を不可解に思う人もいた。というのも、アメリカの国内における銃の規制は、この小型武器会議の「行動計画」で求められる国際的な基準を超えるものであったからである。武器の移動の監視、武器の保管、販売人の免許制度などは、他の国に比べても進んでいた。武器に刻印をすることについても、アメリカは世界のなかでも、もっとも厳しい法律を制定しているともいわれるほどだった。しかし、アメリカが国際基準に合わせて国内の規制を緩和しようと考えることはなかった。

いずれにしても、銃の一般的な規制を行いたくない国があったことが、意見がまとまらなかった1つの理由である。アメリカ以外にも、規制をめぐっては反対もしくは消極的な国があった。規制の支持と反対をめぐる参加国の構図はこうである。アメリカが規制のための協力を拒む姿勢を明確に表したが、実際は、ロシアや中国も明らかな形ではないが、無言でアメリカに賛同した。ロシアも、NGOなどの非政府組織に武器を販売するのを制限することには反対したが、大きな発言はしなかった。また、大量のAKライフル銃を世界に供給する中国は、武器に刻印をすることによって追跡を可能にするという国連の基準に反対だった（カハナー 2009）。他方で、国内で問題となっている小型武器を何とかしたいアフリカ諸国は、小型武器の規制のため、国際的な支持を得たいところだった。アフリカ諸国は、2001年の国連小型武器会議から積極的であった。また、ヨーロッパ連合加盟各国や日本は、国際的な小型武器の規制には積極的で、会合の設定などのイニシアチブをとって行動している。こうした規制の反対派と賛成派に加えて、紛争の当事国を含む中東諸国は、各国がもつ自決権や自衛権を強調して国際的な規制を設定することについて消極的だった。結局、これらの賛成派、反対派と消極派の間で足並みが揃わなかった。

その後、2008年と2010年に中間会合が開催され、2012年には履行検討会合が開催された。しかし、成果が得られなかった2006年の会合は、参加国の足並みが乱れるという形で尾を引くことになった。常に強硬に反対する国が存在することが明らかであり、今後、小型武器に関する国際的な基準を設定するうえで限界がみえてきたことも、国際的な規制を行う議論に影を落としている。

小型武器の規制と国際ＮＧＯの連帯

小型武器と軽兵器の国際的な規制を目指す活動では、国際的に活動する非政府組織（ＮＧＯ）が積極的に発言を行った。これは、対人地雷の問題を解決するために、１９９７年12月に採択されたオタワ条約（正式名は、「対人地雷の使用、貯蔵、生産および以上の禁止ならびに廃棄に関する条約」）へ向けた動きにおいて、国際ＮＧＯが果たしたのと同様な役割を狙うものであった。対人地雷の問題では、１９９０年代初めごろから、紛争地で活動するＮＧＯを中心に、その非人道性を訴えて廃止を求めていた。こうしたＮＧＯが地雷禁止国際キャンペーン（ＩＣＢＬ）を立ち上げて、対人地雷問題を安全保障問題としてではなく、人道問題としてとらえることで地雷の全廃を訴えた。通信技術の発展によりＮＧＯの発信能力があがったこともあり、幅広くキャンペーンを展開した。ＮＧＯの活発な動きに否定的であった政府も、こうした動きに同調し始め、オタワ条約へ向けたプロセスが動くことになった。オタワ条約へ向けた動きでは、カナダ、ノルウェーなどの国に加えて国際ＮＧＯの連体が協力し、条約が実現したことから、国際ＮＧＯは、同じような流れを小型武器と軽兵器のとりくみにおいてもつくりたかった。

対人地雷禁止条約が形成された後、国際ＮＧＯの間では小型武器の問題に対する関心が高まり、オタワプロセスの経験を小型武器の問題へも援用する可能性が探られた。対人地雷で形成されたICBLと同じような国際NGOのネットワークとして、1999年、小型武器を含む通常兵器の規制を求める国際的なキャンペーン活動を行う「小型武器に関する国際行動ネットワーク（IANSA）」（正式名はInternational Action Network on Small Arms）が設立された。国際NGOだけでなく、オタワ条約で中心的な役割を果たしたカナダをはじめとする資金を提供する政府も、小型武器の問題においてイニシアティブを発揮し、国連と協力して対応を検討した。IANSAは、国連との共催で小型武器と市民社会に関するシンポジウムを開催したり、2000年に国連本部において開催された国連ミレニアム・フォーラムで国連の小型武器問題のとりくみに関する要請を行ったりしている。

2001年の国連小型武器会議には、世界から多数のNGOが参加した。これらのNGOのなかには、国際小型武器行動ネットワーク（IANSA）のような銃反対派の団体もあれば、全米ライフル協会（NRA）のような銃支持派の団体も含まれていた。賛成派も反対派も、すべてのNGOが同等な権利と扱いを受けられるようになっていた。しかし、最大の勢力は、300ほどの団体が含まれる小型武器の拡散を止めたいグループだった。その他の勢力としては、NRAを中心にした「将来のスポーツ射撃活動に関する世界会議（WFSA）」（正式名は、World Forum on the Future of Sport Shooting Activities）に参加する団体だった。

IANSAは、2001年に採択された「行動計画」が、オタワ条約のように全廃を目指すものではなく、あくまでも「非合法」な小型武器の規制であり、条約ではなく政治的文書にとどまったこと、また、アフリカ諸国が求めていた非政府団体への小型武器の取引の禁止などが含まれなかったことを非難している。しかし、小型武器の場合、対人地雷と比べて兵器の特性が根本的に異なる。戦闘で兵士が小型武器を携えないことはない。また、警察も最低限の小型武器を携えることになる。したがって、対人地雷と同じように、小型武器が引き起こす問題の人道的な側面を強調しても、禁止や全廃を訴えることは難しい。世論への訴えにも限界がみられた。

武器貿易条約（ATT）は救世主になるか

国連を中心として、非合法な小型武器と軽兵器の規制のためのとりくみが進められる一方で、1990年代中ごろから後半にかけては、小型武器だけでなく、それ以外の通常兵器（地雷、戦車、軍艦、戦闘機、大砲、ミサイルなど）を含めた国際的な移転についても規制を求める声があがった。この規制は、国際人道法に違反する行為に使われる恐れのある通常兵器の移転に関する国際的な基準を確立する構想で、武器貿易条約（Arms Trade Treaty、略称ATT）の締結を目指すものである。

通常兵器を規制する動きの最初のきっかけは、1990年代半ばに、コスタリカのアリアス元大統領が、ノーベル平和賞の受賞者らに武器貿易の規制についての活動を呼びかけたことであった。これにNGOや国際法学者らが加わり、通常兵器の国際的な移転について、国際社会を規律する法（国際法）に示された国家の義務と整合する規制を定める条約案を作成した。この案を、IANSAなどを含むNGOが中心になった武器の規制を求める「コントロール・アームズ」キャンペーンがATTとして提唱した。

2006年12月、ATTに関する国連総会決議が採択されたことから、2007年以降、ATTの実現の可能性、何を対象にするか、貿易が制限されるべき具体的な構成要素をどうするかなどについて議論が進められてきた。2009年には、通常兵器の貿易や非合法市場への流出について、何らかの「国際的な行動の必要性」が認められると、はじめて反対する国がない状況で（コンセンサスで）合意した。これにより、2012年7月に

ＡＴＴの交渉のための国連会議が開かれた。

１９８０年代前半まで、国際的な場において、通常兵器の移転について規制が必要であるという議論が支持されなかったことを考えると、今日、ＡＴＴ交渉が行われることは大きな進展である。しかし、先の小型武器の規制をめぐる議論と同様に、通常兵器の移転についても、国際的な移転の「禁止」ではなく、「規制」であり、どのような規制が良いのかという点についての具体的な議論がなされることになる。ＡＴＴの交渉に向けた準備委員会では、論争点は細かいところにおよんだ（榎本　２０１２）。たとえば、どのような兵器が対象になるのかという点について、重兵器だけでなく、小型武器や弾薬、爆発物も含むのか、また、兵器自体だけでなく技術の移転もあることから、技術は含まれるのか、スポーツや競技、警察用の装備品は含まれるのかという問題が浮かびあがった。移転を許可する基準についても、国連による武器の禁輸措置などのように移転が禁止される場合は許可しないのか、１つ１つの申請について、武器がどのように使用されるかのリスクを検討して、明らかなリスクが予想される場合は許可しないのかという問題である。また、規制と管理の対象には、輸出だけではなく、輸入、積み替え、通過、ブローカー取引などを含むのかどうか、実際にこれらの許可申請を審査できるのかどうかという問題もある。

先に説明した、小型武器と軽兵器の規制をめぐる国連のプロセスでもそうであったが、ATTへ向けた動きでは、ATTの推進国と、イラン、シリア、ロシア、エジプトをはじめとするATTの策定に反対してきた国もしくは懐疑的な国の間での、それぞれの論点における見解の違いは避けられない。論点の多さとその複雑さゆえ、ATTを推進してきた国の間でさえも論点の細部では意見が分かれることは少なくない。結局、2012年7月の国連会議においてATTの条約文書は採択されなかった

「より良い規制」の難しさ

国連を中心に行われてきた小型武器と軽兵器の国際的な移転の規制の試みと、ATTにおける通常兵器の移転規制が、これらより先に行われた対人地雷に対するとりくみと大きく異なるのは、それらが国際的な移転の「禁止」や「撤廃」を目指すのではないところであり、そこにさまざまな難しさが宿る。「人道」や「人間1人ひとりの安全」を達成するための「より良い規制」とはどういう状況なのかについて合意があるわけではなく、どういった状況がよい規制であるのかを明確に示すことが困難である。そうであるから、規制の内容についても、どの兵器を含むべきか、どこまでの範囲を規制すべきか、どこへ向け

て移転される兵器が問題なのかなど、幾重にも論点が生じることになる。小型武器の規制をめぐっても、通常兵器の移転規制をめぐっても、「禁止」や「廃絶」ではなく、「より良い規制」を目指すのでは、「人道」や「人間の安全保障」を前面に出して押し進めるには、それが訴えかけるものは弱くならざるを得ない。

もちろん兵器の「禁止」や「廃絶」であっても、地球規模で行われる実施のための交渉は、常に困難がつきまとう。あらゆる空間での核実験による爆発、その他の核爆発を禁止する包括的核実験禁止条約（CTBT）の発効も進んでいない。多数の国の支持をうけて1990年代から進められたこのプロセスも、条約の発効に必要な発効要件国（核保有国を含む）の批准が完了していないため、2012年の段階で未発効である。核軍縮を目的として、アメリカ、ロシア、イギリス、フランス、中国以外の国の核兵器の保有を禁止する核兵器不拡散条約（NPT、正式名は「核兵器の不拡散に関する条約」）も1970年に発効するものの、核保有国のいくつかが加盟していない状況は続く。こうした状況からもわかるように、地球規模で行われる兵器をめぐるとりくみは、各国をとりまく地理的な条件や、政治的および外交的な状況、安全保障に関する認識の違い、兵器の製造にかかわる経済的利益などに左右されるため、一筋縄にはいかないのが通例である。

グローバル化、情報通信技術の発展、兵器製造国の増加、兵器移転ルートの多様化と複雑化など、今日、移転を行うにはこれまで以上に良い環境がそろう。いいかえれば、これまでの歴史のなかでもっとも、兵器の国際的な移転を制限することが困難な時代である。

「より良い規制」は、一方で兵器の製造・移転・保有を認めながら、他方でそれらが特定の国や地域に流れることを規制しようという、ある種の矛盾を含んでいる。そういう意味では、一貫して「禁止」を目指すとりくみに比べて支持を得ることが困難になる。また、そうした「より良い規制」を具体的に行うにあたって、どこにその「良い規制」の基準をひくかという点を設定する作業は、各国をとりまく諸条件を背景に、参加する国の辛辣な交渉によって生まれてくるものにならざるを得ない。通常兵器の規制をめぐる状況は、まさにそうした交渉の段階にある。今日のATTをめぐる交渉で何らかの規制のための基準が生まれるならば、それは参加国の意見から共通にとりだせる最大の類似点であり、対立する陣営でともに妥協可能な落としどころとしての最大公約数である。しかし、2012年7月に開催されたATT交渉は、最終的に、その最大公約数の条約文書さえも採択することができず閉幕した。ATTが採択されるかどうかは、今後の交渉による。

世界規模で兵器の流通を削減し、国際的な小型武器の供給を減らして管理するとりくみには明らかに限界がみえる。それは一方で、国家がもつ自衛や治安の維持のための権利を認めつつ、兵器が乱用されたり非合法な状況に陥ったりすることをいかに防ぐのかという問題である。これが国内、地域、地球規模で考えられなければならない。このような状況を認識したうえで、それでも小型武器や軽兵器に挑む国際協力は必要だろうか。もしそうであれば、それはどういうことを念頭において行われるものであろうか。また、私たち1人ひとりは、そうした国際協力についてテレビや新聞の報道を目にして、傍観していることしかできないのだろうか。国家レベルで行われる武器や兵器のより良い管理や、社会やコミュニティーの安全のためにできることはあるだろうか。それはどういうことだろうか。次の章では、こうした問いについて考え、本書を終えたいと思う。

註

(1) 国連による個別的および集団的自衛権とは、国連の加盟国に対して武力攻撃が生じた場合、安全保障理事会が国際的な平和と安全の維持に必要な措置をとるまでの間、個別で、または他の国との協力によって自衛のための措置をとることを認めるものである。自衛のためにとった措置については、ただちに安全保障理事会に報告しなければならない。

(2)コンタドーラ・グループは、中南米の紛争の自主的および平和的解決をめざして、1983年のニカラグア紛争に際してパナマのコンタドーラ島で結成した調停グループである。リオ・グループは、コンタドーラ・グループが母体となってメンバー国と協議テーマを拡充して1986年に結成された。

(3)米州機構(OAS)は、1948年に調印されたボゴタ憲章(米州機構憲章)に基づいて1951年に発足した機関で、本部はアメリカのワシントンDC。南北アメリカ諸国の平和と安全保障・紛争の平和的解決や加盟国間の相互躍進を目的に活動する。近年は、各国での選挙監視活動や、域内の民主化の確立と維持のためにとりくんでいる。

終　章　問題は国家なのか、小型武器なのか、私たちなのか

本書では小型武器の問題について焦点をあて、その削減と規制をめぐる国際協力活動を紹介した。ここまでの議論を振り返って、小型武器へのとりくみを通してみえてきた国際協力についていまいちど考えるとともに、小型武器やそれを使った暴力のリスクによって脅かされない社会やコミュニティーを実現するとはどういうことなのか、また、そうした社会と私たち1人ひとりとの関連について考えてみよう。

国際協力のポリティックス

小型武器をめぐる国際的な動きにはさまざまな矛盾がある。多くの読者は、ここまでの議論で、今日の世界における小型武器の削減と規制に限界があることはすでにおわかりであろう。小型武器の製造と移転は、今日も続いている。ある統計によると、1990年か

ら2007年の17年間に破壊された小型武器は830万丁である。他方で、本書の第1章で紹介したが、2000年の年間の小型武器の製造数は、およそ430万丁とみられる。17年かかって廃棄される小型武器が2年たらずで生み出されるのである。

1990年代に入り、「人道」や「平和構築」を掲げて小型武器の回収や削減、移転の規制が発展するも、今日進められる武器貿易条約（ATT）の交渉において如実に示されるように、小型武器の製造、取引、移転の禁止はもちろん、望まれる規制を実現することさえ難しい状況である。

1990年代からみられた小型武器をめぐる国際的なとりくみが人道上の理由から議論された背景には、冷戦後に注目されることになった国内紛争の増加があり、こうした武力紛争の大半が小型武器によって激化し、一般市民への被害を増大させたといわれる。とくに、冷戦後の武力紛争の多くが途上国においてみられたことから、開発の問題、小型武器、武力紛争の関連が指摘された。したがって、小型武器の問題にとりくむことは、紛争を予防することに貢献するのはもちろん、貧困の削減や途上国の生活改善にも通じる「人道」にかなうことであると考えられた。また他方で、小型武器の削減によって治安が安定し、開発支援を行うことが可能になることから、平和と安定のために貢献すると考えられた。

「人道」と「安全保障」にかなうとりくみとしての小型武器の削減は、2001年以降の「対テロ戦争」のもとで、経済協力開発機構（OECD）の加盟各国や国連各機関の開発協力における政策議論においても重視されるところとなった。武装解除、動員解除、社会復帰（DDR）も、こうした背景のもとで、途上国における平和維持活動と開発協力の関連において行われている。しかし、今日の小型武器の移転を規制する動きは、統治能力が弱く、テロや犯罪の温床となる可能性が高い国を「脆弱国家」として開発支援の対象に積極的に加える一方で、そうした国へ兵器や武器が流れることを問題視するものである。近年の小型武器の移転規制の動きは、先進国が移転を好ましくないと考える特定の国へ向けて、他の国から兵器がわたらないようにするが、自国の兵器産業が不利にならないようにするという政治的および経済的な意図もみえる（榎本　2011）。

近年の小型武器の削減や規制をめぐる議論は、途上国における武力紛争の増加と、そこで問題になる小型武器の拡散を懸念する「人道的」な理由、テロや犯罪の温床になることを防ぐという国際的な安全保障を懸念する立場からのみ生じたと考えるのは単純すぎるかもしれない。小型武器の規制や削減をめぐる国際協力が発展する背景には、先進諸国の政策、「対テロ戦争」、兵器産業といった軍事をめぐる国際的な政治経済の力学の存在を忘れてはならないだろう。

小型武器に挑む国際協力とは

ここまで読み進めてくれた読者のなかには、小型武器問題の根源には国家があるのではないかと考える人も多いかもしれない。国家によって武器と兵器の保有が認められ、国家の許可や認可のもとで武器の製造と移転が行われる。そうした「合法」とされる小型武器が、今日、世界で流通する小型武器の大半であり、非合法な武器の半数以上が、もともとそうした合法な小型武器である。大規模な兵器の移転には、最終使用者証明書に記載される国家またはその機関が存在しなければならない。世界で製造および移転される小型武器の背後には国家がある。また今日、国際的に武器の移転を規制しようとする試みも、武器を製造する国によって困難な状況におかれているのである。

だからといって国家が保有する武力を、単に「悪」として排除することはできない。私たちもまた、その武力を後ろ盾にした国家によって守られているからである。どこの国でも警察が銃を使用することは許される。警察が武力を使えなければ国家権力（国家の権威）は成立しない。国家が崩壊して機能しなければ全土にわたる統治が行われず，その結果がどうであるかは，ソマリアの状況に象徴されるように明らかである。今日，崩壊国家や崩壊しつつある国家の1つの特徴は，国家が暴力を管理できなくなっていることである。それは言いかえれば，国家が権威を失っていることである。指導者が国民の安全や福祉を考えない国の多くは，権威を失い失敗した国家になる。

小型武器の問題を考えるとき，私たちは国家について考えずにはいられない。しかし，国家は小型武器の問題の一端を担うものであるが，そのすべてではない。崩壊しつつある国家で暴力が横行するのは，暴力を使う人々がいるからである。イギリスの活動家であり平和研究の第一人者として知られるアダム・カールは，暴力に支配されない社会を達成するには，暴力に依存しない人々の存在が重要であるという（Adam 1991）。アダムは，私たちが知る歴史のなかでも，しばしば圧制を行った者が正義を求める者たちによって倒されるも，結局，その正義を求めてきた者たちが圧制を行うことになったことを振り返る。アダムは，圧政を行う者を倒すために暴力を使うことは，一見，良いことのようにみえるかもしれないが，実際は，その目的もまた，その過程とそれほど大きな差はないのではないかと問いかける。そうであるからこそ，暴力に依存しない人々の存在が重要で，そうした人々がたくさん必要であるという。アダムが主張するように、今日の小型武器の問題を考えるとき、国家とそれを構成する人々の2つの側面を見落としてはならないのではないだろうか。

それでは、国家を構成する人々はどうであろうか。暴力という手段によって他者に対する優位を保障してくれる小型武器の問題を考えることは、多種多様な人々が他者との関係において、自らをどのように位置づけ、そこで生じるあらゆる問題にどのように対応するのかということにかかわる。紛争は、その1つの例である。紛争は、私たちの日常において、他者との関係においてしばしば生じるものである。ここでいう紛争とは、自分と他者との関係（もしくは他者同士の関係）において、互いに相容れない目的をもつと認識するような状況である。したがって必ずしも暴力を伴うものではない。紛争は、しばしば互いの関係をより深めることに貢献したり、互いをより深く認識して相手を知ることに貢献したりすることもあるものである。しかし、紛争が暴力や武力を伴うと、それによってもたらされる物理的および心理的被害の結果、双方への不信感や恨みが拡大し、その解決はより複雑でより困難なものになる。小型武器は、暴力とその恐怖、被害を拡大することによって紛争に悪影響を与える媒体であるといえる。小型武器自体は、武力紛争の最前線にありながら、あくまでも紛争を支える後ろ盾なのである。

他者との関係において、また、国家権力をめぐって生じる問題について、どのように対応するのか考えることなしに小型武器の問題の本質はみえてこない。これを考えることは、最終的には、私たちはどのような社会に暮らすことを望み、自らもその社会の一構成員としてどのような社会を築くのかということを問うことになる。そうであるからこそ、小型武器に挑む国際協力の本質は、私たちが望む社会とは何なのか、どんな社会なのかを問い続けながら自らと社会や国家との関係、自国と他国との関係、グローバルなレベルに内包するさまざまな矛盾や限界に向き合うことによってはじめてみえてくるのかもしれない。これは、小型武器にとりくむ国際協力に限らず、他の国際協力にも共通していることなのかもしれない。

このように考えると、国際協力は、利他的な要素も、国益中心な政治的要素も、人間1人ひとりを中心に考える人道的要素も、国家を中心にすえた安全保障の要素も含まれる。こうした互いに矛盾する要素を含みながら、何らかの共通する目的の設定やその達成を目指して行われるものではないだろうか。他者に対して行われると考えられがちな国際協力は、それぞれのアクターが、本来、その行為のなかで自らに立ち返ることを必要としており、国家やそれをとりまく世界規模で起こる諸変化のなかで、自身もその社会の1人の構成員として、これからどのような社会を築いていくのかということを思考し続けることを必要とする行為なのではないだろうか。そうであるからこそ、解決がみえず悲観的にならざるを得ない小型武器の問題に挑む国際協力も必要なのではないだろうか。

平和と人道をめぐるジレンマ

小型武器の削減や規制をめぐる国際協力は、映像などのビジュアルな表象のなかで「人道」や「平和」のイメージ化が行われ、「平和構築」、「人間の安全保障」、「正義」や「和解」という表現が広く使用されるとともに高次に脱政治化された側面がある。武器の回収などの小型武器削減のとりくみは、人道にかなう1つの「正義」としてとらえられるも、治安が劣悪な状況で自衛のために武器を備える人に、それを手放すことを勧めるのは残酷ともとらえられる。こうしたミクロなレベルでの問題に加えて、マクロなレベルでは、兵器システムや冷戦などに象徴されるように、小型武器が移転されることが是とされるグローバルな政治経済的な力学が作用しており、それに言及することなしには、ミクロなレベルで行われるとりくみも限界が大きい。2001年の米国における同時多発テロ事件以降、米国を中心にグローバルに展開される「テロとの戦い」もそのような力学を新たに生みだしたのかもしれない。

「平和」や「人道」を掲げて行われる活動は、多くの場合、矛盾やジレンマを内包している。何が正しいのか、何をもって平和というのか、皆、一致した認識をもっている訳ではない。そうした状況で、正しいこととしてすすめられる平和構築や人道的活動が、本当に正義や平和にかなうものなのか、私たちは常に問い続けなければならない。そうであるから、人道や平和のためとして行われる国際協力も、自らの支援や活動に立ち返って、誰のための何のための支援であり活動であるのかを常に問わなければならないのではないだろうか。私たちが行うことの多くは、すべての人に等しく正義をもたらすとは限らない。むしろそうでないことの方が多いように思う。

本書の事例に挙げた東アフリカ地域における小型武器をとりまく状況は、如実にこのことを示している。アフリカの角での小型武器の拡散にみられるより広い社会的背景には、人間1人ひとりをとりまく政治経済と国家との関係、国家と周辺社会の関係と、1つの国家をとりまくグローバルな状況があり、小型武器の問題にとりくむには、これらの極めて政治経済的な力学の解明を必要としている。そうであるからこそ、小型武器が広まった対象社会についてのみに限定されない考察と視野が求められる。小型武器の問題を考えるとき、今日にみられるような小型武器が広まった状況が突如としてその社会に生じたものではなく、私たちの身の回りにあるあらゆるものと同様に、時間の流れを経て、グローバルな動きのなかで社会に組み込まれた帰結であることを念頭におかなければならない。

小型武器をめぐる歴史をひも解くと、私たち人間が技術の進歩のもとで、その進歩した技術を両刀の武器として使用してきたことがわかる。より良い社会や生活のために貢献する技術がある一方で、それを破壊したり危うくしたりすることに使われる技術の発展も存在していた。両者はまったく別の世界のことではなく、武器や兵器をめぐっては、近年になるまで、後者の技術が前者を牽引したのである（カルドー　1986：68）。[1]小型武器をめぐる国際協力も同様に、一方で小型武器の削減と規制の国際協力がありながら、他方に兵器の開発をめぐる国際的な協力が存在する。後者を「国際協力」と呼ぶかどうかについては議論の余地があるが、現実にはそう呼ばれることも少なくない。新たな兵器や武器の開発が、より兵器削減の努力が必要になる状況をつくりだすのである。

今日の世界において、小型武器の問題についての明確な解決はないであろう。国家という枠組みのもとでは、小型武器の削減にも限界があることは否めない。国の観点から「平和」や「安全」を考えるとき、他国からの侵略や攻撃に備えて自国を衛ることが考慮され、武器や兵器の開発や製造、取引などが国際的に行われる。ずいぶん悲観的に聞こえるかもしれない。しかし、小型武器の問題にとりくむ多くの人が、そのことを感じていることは否定できない。本書を執筆する過程においても、小型武器や通常兵器に関して、国際的に、国家のレベルにおいて、また草の根レベルで、研究、実務、政策のため、さまざまな立場からとりくむ人々の声を通してこのことを改めて感じた。しかし同時に、このような状況であっても、現場から、または研究や草の根レベルから、「まだまだやれることはある」と考える人が多いのも事実である。私自身もそう考える1人である。

限界がみられる武器移転の規制をめぐる国際的な議論や、現場で行われる人道支援や小型武器の削減に関して、私たちにはどんなことができるだろうか。そのためにはどのようなことが必要だろうか。「人道」や「平和」などの分野にかかわる国際協力に距離を感じている人もまだ多いかもしれない。そうした読者へ向けて、私自身が体感するなかで考えたことを記して本書を終えたいと思う。読者が国際協力との自分なりのかかわりを考えるヒントになれば幸いである。

足元からの国際協力

イギリスの大学院に籍をおいていた時期、ボスニア、東チモール、ケニアなど近隣国を含めて多くの紛争経験国や紛争国に近いところで時間を過ごした。紛争地やその周辺国で治安が悪いのはそれほど驚かないが、私が住んでいたイギリス中部の都市も治安が悪かった。家に泥棒が入ってコンピューターを盗まれることはよくある話だった。携帯電話で話をしながら歩いていると、携帯を奪うために背後から殴られるという事件も多かった。そういう状態だったため、大学院を終えて日本に戻ると、アフリカでもないヨーロッパでもない「安心できる」ところだとつくづく感じた。もちろん自国であるという点は否めない。しかし、それ以上に、事件や事故にあう可能性は他の国より少ないし、もしもそうした事件や事故の当事者になっても、警察などによって守られるという安心感だった。日本の安全や治安のよさは世界でも広く認められるところである。しかし、諸外国と比べて、日本はより安全だといわれるのはなぜなのかという疑問に対する答えについては、意見が分かれるところである。経済が良いから犯罪が少ないという人もいれば、警察や国家機関による規制と統制がとれているからという人もいる。日本人は和を大切にするから気質が違うのだと考える人もいるかもしれない。安全や治安をめぐって国と国、地域と地域の間で生まれる違いはどこにあるのかと考えることが多かった。大学院を終えた後、ほどなくしてタイに住むことになった。ケニアやボスニアに比べるとはるかに治安のよいタイで、その疑問に答えるヒントを得ることになった。

タイへ移った2005年は、バンコクではタクシン政権下で政府支持派と反政府勢力とのあいだで大規模なデモが繰り返され、タイ南部地域ではタクシン政権の影響をうけて悪化する紛争の影響が拡大している時期だった。しかし、ボスニアやケニアに比べると、それほど切迫した危険を感じることはなかった。デモや混乱が続くなか、タイの大学では紛争や平和研究を新たにカリキュラムに加える動きがあった。そんな時、大学院の恩師からの依頼で、タイの大学で地域性や国内状況を反映させながら紛争解決と紛争予防、平和構築などのカリキュラムを開拓するとともに、紛争解決や平和構築の実務家のための訓練を行うプロジェクトに加わることになった。1年だけの滞在のつもりだったが、結局、タイにはその1年を含めて5年間を過ごすことになる。

大学へ向かう道路は車道で、その両側を人やバイクが通行できるわずかな幅があった。アスファルトが切れる道の両側は砂利道である。晴れの日には砂利道は砂埃で、雨の日にはぬかるみになる。車道の側の脇の道を歩いてみたが、とにかく問題だった。問題はバイクの通行である。バイクは車道ではなく側道を走る。しかし、車線を構うことなく、どちらの側道でも、前からも後ろからもバイクが走る。歩いているすぐそばを後ろからバイクが追い越していったと思えば、前から別のバイクがくるといった具合である。バイクのミラーに腕をぶつけられることがよくあった。数日もしないうちにあることを考えていた。これほど人が歩いているのに、車線を対向して走るバイクを気にかける人はほとんどいない。道の脇に並ぶレストランの人も周辺に住む人も、そうしたバイクが前からも後ろからも走ってくる状況を気にかける様子もない。日常の光景ということなのであろう。

1週間ほどその光景をみながら大学と家を往復する日が続くなかで、こんなことを考えた。「この状況は、いったい誰が問題なのだろうか、誰に責任があるのだろうか」交通規則を守らないバイクの運転手が問題なのか、そうした規則を守らないバイクを規制しない警察が問題なのか、警察が機能していないことに責任がある政府が問題なのか、毎日のようにそうした光景をみながら何も注意しない周辺の住民が問題なのか、歩いている人が問題なのか…。そんなことを考えながら日本のことを考えた。「もし、同じことが日本で起こったらどうなるだろうか」。日本であれば、警察が注意をするかもしれないし、そうでなければ、毎日そうした状況が続けば、近隣の住民が警察に通報するかもしれない。地域によっては、そうしたバイクに直接、注意をする人が現れることもあるかもしれない。私の出身地であればそんな光景が思い浮かぶ。

そんなことを考えているうちに、問題であるのは、先に挙げた人たち、つまりバイクの運転手、警察、政府、周辺住民、歩いている人、すべてではないかと思い始めた。もちろん、そもそもバイクの運転手が規則を守らないことが問題なのであるが、もし、そうしたことを行う人が社会やコミュニティーにいるとき、警察や政府の適当な機関を通して、その問題に対応しなければ、安全で安心できる社会は実現できない。しかし、警察や政府がすべてのことを常時、監視はできない。そうした時には、周辺の人々が警察に連絡することと、もしくは注意をすることが必要かもしれない。結局、自らが暮らす地域の安全や安心は、誰のためであり誰の責任かということを考えると、そこに暮らす地域の人々すべての責任であり、それぞれの立場からそれぞれの役割を果たさなければ、安全な社会やコミュニティーは達成できないのではないかということである。地域の安全は警察や政府から与えられるものではなく、警察や政府も含めて社会を構成する人々によって達成されるものではないだろうか。そうであるからこそ、先の例に挙げたような交通規則に違反して走行するバイクの運転手ばかりでなく、警察も政府も、その周囲の人々も、コミュニティーや自らが暮らす社会の安全に対して何らかの責任を負っているように思う。社会やコミュニティーの構成員が、周辺で起こることにそれぞれの立場から参加することが前提になって、安全な社会やそのための環境ができるのではないだろうか。日本では一般的に、町内会や地区の組織が自治の役割を果たす場でもあり、自主的に、または義務的なこともあるかもしれないが、安全に必要なための環境を地域でつくっているのかもしれない。決して日本の社会が崇高であるというのではない。義務的であれ自主的であれ、自らを含めた社会のすべての人々が、コミュニティーや社会の構成員として達成したいと考える安全な社会をつくるのであって、それは誰かから与えられるものや自然に発生してくるものではないのではないだろうか。そうであるからこそ、今日の国際協力の現場では、参加型や地元のオーナーシップの重要性がいわれるのではないだろうか。

もちろん、このようなことは、大規模な武力紛争状態にある国や地域については、あてはまらないかもしれない。武力紛争のような状況は、そういう意味でも特別である。しかし、そうした国や地域においても、やがて、一般市民が自らの社会について、どんなコミュニティーを目指し、どんな社会を達成しようとするのかを問わなければならないときが来るはずである。そうしたときには、そこに暮らす人々が、そのコミュニティーの、また社会の構成員として達成しようとする社会のために動かなければならないのではないだろうか。

日本は戦後復興を経験して、犯罪に悩まされるなかで国家の再建と警察組織の構築が行われた。日本も例外ではなかった。もちろん日本の戦後復興は占領軍のもとで行われたがゆえに、新たな社会を構築する作業を内発的に行っていくことは日本がこれまで経験したものではない。それだけに困難なとりくみである。日本は、小型武器の規制と削減にかかわる支援を表明して国際的な会議の開催や議長国を務めるなど、積極的にかかわる意思を表している。国際貢献や平和構築を掲げる日本にとって、武器の削減と規制をめぐる国際協力でとり残されないかどうかは、私たち1人ひとりのかかわりによるのかもしれない。

このように考えると、国際協力は、私たちから決して遠い存在ではないと感じる。私たちの生活する場所に、遠い国で行われている開発や平和構築といった国際協力活動に通じる多くのヒントがあり、国際協力にかかわろうとするとき、私たち1人ひとりが発信できることは少なくないように思う。そうした自らの足元から考えることが、人間1人ひとりの安全を中心に据えることがいわれる今日の国際協力の礎となるのではないだろうか。

註

（1）カルドーは、とくに19世紀前半のアメリカにおける軍事技術の発展において、大量生産の技術とそれに伴った工作機械産業の発展の起源を小火器の製造にあったことを指摘している。

あとがき

　本書のテーマである小型武器をめぐる国際協力について取り上げることには少なからず迷いがあった。小型武器の回収にかかわる武装解除、動員解除、社会復帰（ＤＤＲ）は、実務においても、学術の研究においても、国際的に注目される分野になった。戦闘が繰り返され、治安もままならない現場の第一線で活躍する日本人の専門家がいないわけではない。また、武器の規制をめぐって行われる国際的な交渉の現場で活躍する日本人もいる。そうしたその道の大家といわれる人こそがこのテーマについて語るべきであり、それがより国際協力のすそのを広げることにつながるのではないかと問わずにはいられなかった。しかし、本書を執筆するにあたり、本シリーズの監修者である西川芳昭教授から、このシリーズは、著者自身がなぜこのテーマにこだわり、かかわるのかを自身の個人史を通して記すことに1つの意義を見いだしているということを知らされた。このことは、国際協力は百人がかかわれば、百通りのかかわり方があり、百通りの国際協力に対する視点が生まれるということを改めて考えるきっかけになった。そうした幾多の国際協力に対する「かかわり」があるからこそ、私自身のかかわりからみえる小型武器の問題と国際協力について本書に記すことを心がけた。しかし、それによって本書に記す内容が一辺倒にならないよう、執筆の過程では、多数の方からご意見をいただいた。また、ウガンダで活動する特定非営利活動法人テラ・ルネッサンスの小川真吾氏と吉田真衣氏、武器貿易条約の現場で活動する東京大学の榎本珠良氏には多大なご協力をいただいた。それぞれの活動はもちろん、それに携わる個人としてのかかわりについてうかがえたことは、本書を執筆するにあたり、大きなインスピレーションをいただくことになった。心よりお礼を申し上げたい。名古屋大学大学院国際開発研究科の平和構築ゼミの皆さんは、本書を陰ながら支えてくれた。行き詰まったときには、エネルギッシュな彼らから後押しされることがたびたびあった。

本書が1冊の本になるまでには多くの人々の支えと支援があった。そのどの1つが欠けても、本書は存在できなかったように思う。国際協力も同じように、私たち1人ひとりの、それぞれの立場からのかかわりなしにはありえないように思う。皆が同じところで、同じ立場からかかわるだけでは成り立たないのではないだろうか。現場からみえないところでも、それを支える人は多いはずである。そうであるからこそ、本書の読者が、今現在、もしくはこれから、日本から、または海外で、自分なりのかかわりを見いだすことができたならば幸甚の極みである。

日本に帰国して最初の単著となる本書が、本シリーズであることに大変感謝している。自らを振り返る機会になったばかりでなく、日本に戻った自身と国際協力について考えるきっかけになった。そのきっかけをくださった監修者の西川芳昭教授には改めて感謝の意を表したい。最後まで大変丁寧に校正作業を行ってくださった創成社の西田徹さんにもお礼申し上げたい。この機会をいただけたことは、両氏にとってはリスクの大きい賭けのようなものであり、多大な投資でもあったと思う。研究者としても人としても末席の極みである私に、この機会をいただけたことを心より感謝申し上げる。

２０１３年３月

西川由紀子

引用文献

榎本珠良（２０１１）「兵器―善と悪の二項対立を超えて」、佐藤幸男編『国際政治モノ語り―グローバル政治経済学入門』法律文化社、２００―２１０頁。

榎本珠良（２０１２）「武器貿易条約（Arms Trade Treaty）第４回準備委員会の分析」、『軍縮研究』vol.3、研究ノート、51―60頁。

カハナー、ラリー著、小林宏明訳（２００９）『ＡＫ－47―世界を変えた銃』学習研究社。

カルドー、メアリー著、山本武彦・渡部正樹訳（２００３）『新戦争論―グローバル時代の組織的暴力』岩波書店。

カルドー、メアリー著、芝生瑞和・柴田郁子訳（１９８６）『兵器と文明―そのバロック的現在の退廃』教文堂。

北野　収（２０１１）『国際協力の誕生』創成社。

佐藤丙午（２００３）「小型武器問題とミクロ軍縮―新しい国際規範の形成と国連の役割―」、『防衛研究所紀要』、70―94頁。

全米ライフル協会監修、小林宏明訳（２０１２）『銃の基礎知識―銃の見方から歴史、構造、弾道学まで』

学研パブリッシング。

防衛省（２０１１）『日本の防衛　平成23年度版―防衛白書（２０１１）』防衛省。

ホッジズ、マイケル（２００９）『カラシニコフ銃―ＡＫ‐47の歴史』河出書房新社。

ヴォルクマン、アーネスト著、茂木　健訳、神浦元彰監修（２００３）『戦争の科学―古代投石器からハイテク・軍事革命にいたる兵器と戦争の歴史』主婦の友社。

増田　研（２００１）「武装する周辺」、『民俗学研究』65/4。

松田　凡（２００２）「ポストコロニアリズムからみたエチオピア西南部の近代―周辺マイノリティと自動小銃」、宮本正興・松田素二編『現代アフリカの社会変動―言葉と文化の動態観察』人文書院、93―１１４頁。

松本仁一（２００８）『カラシニコフⅠ』朝日文庫。

Africa Europe Faith and Justice Network（AEFJN）（2010）“Arms Export and Transfers：Europe to Africa by Country”, *AEFJN Report Arms Export from Europe to Africa,* December.
Alexander, Kibandama（2002）“The role of private security companies in fostering the rule of law in Uganda”, *Proceeding of the International Resource Group Regional Conference on Good Governance and the Rule of Law in the Horn of Africa,* September, Kenya：IRG, pp.47-66.
Aming, Emmanuel Kwesi（2005）“The anatomy of Ghana's Secret arms industry”, Florquin, Nicolas and Eric G. Berman（eds.）*Armed and Aimless: armed groups, guns, and human security in the ECOWAS*

region, Geneva：Small Arms Survey, pp.78-106.
Anderson, M. David（2002）"Vigilantes, violence and the politics of public order in Kenya", *African Affairs*, 101：531-555.
Annan, Kofi（2000）'Freedom from fear：small arms'. Report of the Secretary-General to the Millennium Assembly of the United Nations, United Nations General Assembly, 27 March.
Aregay, W. Merid（1980）"A reappraisal of the impact of firearms in the history of warfare in Ethiopia（C.1500-1800）", *Journal of Ethiopian Studies*, vol.14, Addis Ababa：Institute of Ethiopian Studies, Addis Ababa University, pp.98-121.
Barber, James（1968）*Imperial Frontier*, Nairobi：East African Publishing House.
Beachey, W. Raymond（1962）"The arms trade in east Africa in the late nineteenth century", *Journal of African History*, 3（3）：451-467.
Berman, G. Eric（2007）"Illicit Trafficking of small arms in Africa：Increasingly a home-grown problem," GTZ-OECD-UNECA Expert Consultation of the Africa Partnership Forum Support Unit, Addis Ababa.
Bevan, James（2008）"Kenya's illicit ammunition problem in Turkana north district", *Blowback 22*, Geneva: GIIDS.
Bonn International Center for Convention（BICC）（2002）"Small arms in the Horn of Africa：challenges, issues and perspectives", *Brief 23*, Bonn：BICC.
Brzoska, Michael and Frederik Pearson（1994）*Arms and Warfare: escalation, de-escalation and*

negotiation, Columbia : South Carolina University Press.

Crime Information Analysis Centre (2003) *South African Police Service,* January. <www.spas.org.xa/8_crimeinfo/200111/crime/illpos.htm> (2/Mar/2012).

Curle, Adam (1991) "Peacemaking: public and private", in Woodhouse, Tom (ed.) (1991) *Peacemaking in a troubled World,* Oxford : Berg. pp.17-29.

Daily Nation (2006) "Kenya set to destroy 3,800 illicit firearms", 21 June 2006.

Duggan, Mark (2001) "More guns, more crime", *Journal of Political Economy,* 109 (5) : 1086-1114.

Fisher, J. Humphrey and Virginia Rowland (1971) "Firearms in the central Sudan", *Journal of African History,* XII, 2, pp.215-239.

Gebre-Wold, Kiflemariam and Isabell Masson (eds.) (2002) *Small Arms in the Horn of Africa: Challenges, Issues, and Perspectives,* Bonn International Center for Convention, Brief 23, March.

Ghali, Boutros-Boutros (1995) "Supplement to an agenda for peace: position paper of the Secretary-General on the occasion of the fiftieth anniversary of the United Nations", Report of the Secretary-General on the work of the organization, A/50/60/-S/1995/1, 3 January 1995.

Godnick, William with Robert Muggah and Camilla Waszink (2002) "Stray bullets : the impact of small arms misuse in central America", Small Arms Survey, occasional paper no.5, November.

Gomes, Nathalie and Kennedy Mkutu (2003) *Breaking the Circle of Violence: building local capacity for peace and development in Karamoja, Uganda,* Netherlands Development Organization (SNV).

Graduate Institute of International and Development Studies (GIIDS) (2001-2012) *Small Arms Survey,* New York : Oxford University Press.

The Guardian (2009) "Vigilantes kill Kenyan 'mafia' members in machete attacks", 21 April 2009.

Human Rights Watch (HRW) (2002) *Playing with Fire: weapons proliferation, political violence, and human rights in Kenya,* New York, Washington, London and Brussels : Human Rights Watch.

Hutchinson, E. Sharon (1996) *Nuer Dilemmas: coping with money, war, and the state,* Berkley and Los Angels : University of California Press.

Jayantha, Dhanapala (2002) "Multilateral cooperation on small arms and light weapons : from crisis to collective response", *Brown Journal of World Affairs,* 9 (1) : 163-172.

Jelinek, Pauline (2002) "More troops sent to the Horn of Africa", *The Somalia Times/Associate Press,* 9 November

Kahn, Clea (2008) "Conflicts, arms, and militarization: the dynamic of Darfur's IDP camp", Small Arms Survey, HSBC Working Paper 15, Geneva: Graduate Institute of International and Development Studies.

Kea, R. A. (1971) "Firearms and warfare on the Gold an Slave coasts from the sixteenth to the nineteenth centuriese", *Journal of African History,* XII, 2 pp.185-213.

Knighton, B. (2003) "Raiders among the Karamojong: where there are no guns, they use threat of guns", *International African Institute,* 3 (427).

Kopel, Dave, Gallant, Paul, & Eisen, D. Janne. (2003) "Global death from firearms: searching for plausible estimates", *Texas Review of Law & Politics,* 8 (1) : 113-140.

Kopel, Dave, Gallant, Paul, & Eisen, D. Janne. (2006) "The other war in Ethiopia", *TCS Daily,* 29 December 2006.

Krause, Keith and Fred Tanner (eds.) (2001) *Arms Control and Contemporary Conflicts: Challenges and Responses,* PSIS Special Studies, No.5.

Lott, John R. Jr. (2000) *More guns, less crime: understanding crime and gun-control laws,* Chicago University Press.

Mburu, Nene (2002) "The proliferation of guns and rustling in Karamoja and Turukana districts: the case for appropriate disarmament strategies", *Peace, Conflict and Development,* December, Online Journal, Bradford : UK.

Mkutu A. Kennedy (2003) *Pastoral Conflict and Small Arms: The Kenya-Uganda border region,* Small arms and security in the Great Lakes region and the Horn of Africa, London : Saferworld.

Mkutu, A. Kennedy (2008) *Guns and Governance in the Rift Valley: pastoralist conflict and small arms,* Oxford : James Currey.

Mkutu, A. Kennedy and Kizito Sabala (2007) "Private Security Companies in Kenya and Dilemmas for Security", *Journal of Contemporary African Studies,* 25 (3) : 391-416.

Mogire, O. Edward (2002) "Refugees and security in the Horn of Africa", *Proceeding of the International Resource Group Regional Conference on Good Governance and the Rule of Law in the Horn of Africa,*

September, Kenya：IRG, pp.117-136.

Muggah, Robert（2007）"Great expectations：dis-integrated DDR in Sudan and Haiti", *Humanitarian Exchange Magazine,* Issue 37, March. <http://www.odihpn.org>（03/02/2012）.

Odegi, Awuondo（1990）*Life in the Balance: ecological sociology of Turkana Nomads,* Nairobi：African Centre for Technology Studies.

Pazzaglia, Augusto（1982）*The Karamojong: some aspects,* Bologna：Camboni Missionaries.

Quaker United Nations Office（2003）"Lessons from the field: human dimensions of small arms control", *First United Nations Biennial Meeting of States on Small Arms Demand,* New York, 7-11 July.

Sabala, Kizito and Laban Cheruiyot（2007）"Disarmament in the Horn of Africa：the case of Karamja and Somali clusters", Report of the IGAD regional workshop on the disarmament of pastralist communities, 28-30 May 2007, Entebbe Uganda：IGAD.

Sagramoso, Domitilla（2001）*The Proliferation of Illegal Small Arms and Light Weapons in and around the European Union,* Saferworld and Center for Defence Studies, July.

Shipley, Paul and Kori Spiegel（2008）"Light small arms technologies" National Defense Industrial Association, Joint Services small arms systems annual symposium, May.

Stockholm International Peace Research Institute（2010）"The SIPRI top 100 arms-producing and military services companies, 2010", <http://www.sipri.org/research/armaments/production/Top100/2010#_ednref3>（2 March 2012）.

Stole, Rachel (2008) "Questionable reward: arms sales and the war on terrorism", *Arms Control Today,* January/February. <http://www.armscontrol.org/act/current> (02/Mar/2012).

Sudan Tribute (2006) "Ethiopian army moving against Anuak in south Sudan", *Sudan Tribute,* 12April 2006. Online <http://www.genocidewatch,org> (04/04/2007).

Tanner, Fred and Keith Krause (2001) "Introduction" in Keith Krause and Fred Tanner (eds.) *Arms Control and Contemporary Conflicts: Challenges and responses,* PSIS Special Studies, no.5.

Themnér, Lotta & Peter Wallensteen (2011) "Armed Conflict, 1946-2010", *Journal of Peace Research,* 48(4).

United Nations (1997) "Report of the Panel of Government Experts on Small Arms", General Assembly, A/52/298, 27 August.

United Nations (2005) "In larger freedom: towards development, security and human rights for all", Report of the Secretary-General, New York.

United Nations (2008) "Report of the Secretary-General, Small arms", Security Council, 17 April 2008, S/2008/258.

United National Development Program (2003) *Human Development Report 2003,* NY : Palgrave Macmillan.

United Nations Development Program (2006) Practice Note- Disarmament, Demobilization and Reintegration of Ex-combatants, <http://www.unddr.org> (03/03/2012).

United Nations High Commissioner for Refugees (2006) *2005 Global Refugees Trends,* UNHCR.

United Nations Office on Drugs and Crime (2010) "Percentage of homicides by firearm, number of homicides by firearm and homicide by firearm rate per 100,000 population". <http://www.unodc.org/unodc/en/data-and-analysis/homicide.html> (03/Mar/2012).

United Nations Security Council (2000) *Final Report of the Monitoring Mechanism on Angola Sanctions,* S/2000/1125, December.

White, Gavin (1971) "Firearms in Africa: an introduction", *Journal of African History,* XII, 2, pp.173-184.

Whitehead, Darryl (2003) *SALW Proliferation Pressures, The Horn of Africa and EU Responses,* United Nations Institute for Disarmament Research.

Zartman, I. William (1989) *Ripe for Resolution: Conflict and Intervention in Africa,* New York : Oxford University Press.

Zartman, I. William (1995) *Collapsed States: the disintegration and restoration of legitimate authority,* New York : Lynne Rienner.

《著者紹介》

西川由紀子（にしかわ・ゆきこ）

大阪府出身。英国ブラッドフォード大学大学院修了（平和学博士，2004年）。

国際協力機構（JICA）准客員研究（2003年），タイ国立チュラロンコン大学研究員およびタイ国立マヒドン大学大学院専任講師を経て現在名古屋大学大学院国際開発研究科准教授。

【主要著書】

Human Security in Southeast Asia, Routledge, 2010年。

Japan's Changing, Role in Humanitarian Crises, Routledge, 2005年など。

（検印省略）

2013年3月20日　初版発行　　略称 ―小型武器

小型武器に挑む国際協力

著　者　西川由紀子

発行者　塚田尚寛

発行所　東京都文京区春日2－13－1　株式会社 創成社

電　話　03（3868）3867　　FAX　03（5802）6802

出版部　03（3868）3857　　FAX　03（5802）6801

http://www.books-sosei.com　振　替　00150-9-191261

定価はカバーに表示してあります。

ISBN978-4-7944-5051-7 C0236

Printed in Japan

組版：トミ・アート　印刷：平河工業社

製本：宮製本所

落丁・乱丁本はお取り替えいたします。

創成社新書・国際協力シリーズ刊行にあたって

グローバリゼーションが急速に進む中で、日本をはじめとする多くの先進国において、市民が国内情勢の変化に伴って内向きの思考・行動に傾く状況が起こっている。地球規模の環境問題や貧困とテロの問題などグローバルな課題を一つ一つ解決しなければ私たち人類の未来がないことはわかっていながら、一人ひとりの私たちにとってなにをすればいいか考えることは容易ではない。情報化社会とは言われているが、わが国では、世界で、とくに開発途上国で実際に何が起こっているのか、どのような取り組みがなされているのかについて知る機会も情報も少ないままである。

私たち「国際協力シリーズ」の筆者たちはこのような背景を共有の理解とし、このシリーズを企画した。すでに多くの類書がある中で、私たちのシリーズは、著者たちが国際協力の実務と研究の両方を経験しており、現場の生の様子をお伝えするとともに、それらの事象を客観的に説明することにも心がけていることに特色がある。シリーズに収められた一冊一冊は国際協力の多様な側面を、その地域別特色、協力の手法、課題などからひとつをとりあげて話題を提供している。また、国際協力を、決して、私たちから遠い国に住む人々のためだけの利他的活動だとは理解せずに、国際協力が著者自身を含めた日本の市民にとって大きな意味を持つことを、個人史の紹介を含めて執筆者たちと読者との共有を目指している。

本書を手にとって下さったかたがたが、本シリーズとの出会いをきっかけに、国内外における国際協力や地域における生活の質の向上につながる活動に参加したり、さらに専門的な学びに導かれたりすれば筆者たちにとって望外の喜びである。

国際協力シリーズ執筆者を代表して

西川芳昭